건강가정론

윤명길 정원희 한신애 공저

H E A L T H
F A M I L Y
T H E O R Y

양 성 원

머리말

사람은 가정을 이루면서 친밀한 관계를 맺기를 원하고 사랑받고 존중받기를 원한다. 가정은 인간이 태어나 처음 사회적 관계를 습득하는 곳이며, 인생 초기 양육자와의 관계를 통해 신뢰감과 불신감을 형성하게 되는 곳이기 때문이다.

양육자와의 관계에서 애착을 잘 형성하게 되면 세상에 대해 신뢰성을 가지게 되며, 불안정 애착을 형성하게 되면 세상에 대한 불신을 가지게 되고 이 불신감은 성인이 되어서도 많은 영향력을 미치게 된다.

『건강가정론』이라는 책을 발간하며 저자는 공통적으로 이러한 생각이 들었다. 가정과 사회는 서로가 떼려야 뗄 수 없는 불가분의 관계에 놓여 있으며 가정이 살아야 사회가 살고 사회가 건강해야 가정이 건강하다는 생각이다.

서로 다른 환경 속에서 살아온 남녀가 둘이 만나 하나의 가정을 이룬다는 것은 어찌 보면 쉬울 수도 쉽지 않을 수도 있다. 가정생활을 하다 보면 가족 간에 문제가 없는 가정은 하나도 없을 것이다. 크고 작은 문제들이 언제나 존재하고 이 문제들을 어떻게 대응하고 해결해 나가느냐의 경험은 가족들에게 영향을 미치게 된다. 벽에 작은 미세한 금이 가 있다고 가정해 보자. 처음은 임시방편으로 살짝 가릴 수 있다. 그러나 시간이 가게 되면 이 금은 점점 벌어지게 되고 나중은 큰 공사를 통해 보수해야지만 생활하는 데 문제가 없을 것이다.

가족 간에 문제가 발생했을 때 문제를 회피하고 방관하기보다 부부가 함께 문제를 놓고 충분한 대화를 나누고, 어떻게 대응하고 해결할 것인지 협력하는 자세가 필요하다. 하나하나의 문제를 해결하다 보면 부부가 함께 성장하고 더욱더 친밀해지고 든든한 가정을 이뤄 나갈 수 있을 것이다.

가정의 기초를 바로 세울 때 이 기초를 발판으로 든든한 가정을 세워 나갈 수 있을 것이다. 서로 다른 환경과 상호작용하며 살아온 각각의 인격체가 가정을 이뤄 하나의 가정이라는 정원을 가꿔 나가는 데는 협력이 필요하다. 자녀라는 새싹이 잘 자라도록 적합한 환경을 제공하고 좋은 열매들이 맺어질 수 있도록 주변의 잡초들을 뽑아 주고 관리하고, 그 열매들을 통해 온 가족구성원들이 성취감과 행복감을 맛보도록 하는 것은 혼자 하는 일이 아니라 함께 아름다운 정원을 가꾸어 가도록 하는 노력이 필요한 일이다. 이 책을 통해 많은 것들을 담아내지는 못했지만 건강한 가족이라는 한 프레임으로 도움이 되었으면 한다.

마지막으로 출판을 맡아 수고해 주신 양성원의 노고에 진심으로 감사드린다.

2021년 7월

눈 부신 햇살이 비치는 오후에

차 례

CHAPTER 01

건강가정의 개념 및 필요성

Chapter 01

건강가정의 개념 및 필요성

1절 건강가정의 의미

1. 개념

'건강'은 신체적 건강에 더 적합하고 익숙한 개념이지만 건강과 웰빙에 대한 관심이 전 세계적으로 확산되면서 건강이란 단지 질병이 없고 허약한 상태가 아닌 신체적, 정신적, 사회적으로 온전히 양호한 상태를 말한다. 세계보건기구(WHO)에서는 5가지의 신체적, 정신적, 지적, 사회적, 영적 건강을 성취한 상태로 정의하면서 건강과 웰빙을 거의 동일한 개념으로 사용하고 있다. 즉, 건강이란 단순히 질병이 없거나 허약한 것이 아니고, 신체적, 정신적, 사회적으로 온전한 안녕상태인 것이다.

한편, '가정'은 사전상으로는 '부부를 중심으로 하는 가족의 공동생활체, 즉 부부 · 자식 · 부모 등 가족이 공동 생활하는 조직체'를 말한다(NAVER백과사전, 2020) 이런 점에서 가정은 흔히 가족과 혼용되기도 하는데 2004년 제정된 「건강가정기본법」에서는 가족을 '혼인, 혈연, 입양으로 이루어진 사회의 기본단위'이고, '가정'은 구성원이 생계 또는 주거를 함께하는 생활공동체로, 구성원의 일상적인 부양, 양육, 보호, 교육 등이 이루어지는 생활단위로 정의하고 있다. 즉, 학문분야에 따라 여러 견해가 있지만 대체로 가족이 가족구성원에 초점을 두고 구조와 관계를 중심으로 하고 있다면, 가정은 가정을 구성하는 인간, 그들의 생활 및 이들을 둘러싼 환경까지도 포함하고 있다. 또한, 건강가정은 건강과 가정의 합성어로 강한 가정, 기능적 가정, 탄력적 가정, 균형 있는 가정, 건강한 가정 등의 용어와 혼용해서 사용하기도 한다.

유영주(2004)는 개인적 차원에서 가족원 개개인의 성장과 발달을 도모하고 가족관계 차원에서 가족원 간의 상호작용이 기능적이고 원만하여 가족체계가 잘 유지되면서 가족가치관을 지속적으로 발전시키고 있는 가족을 건강한 가정이라고 정의하였다. 또한, 옥선화 등(2006)은 가족의 기능을 잘 수행하는 가족이라 하고 가족원 상호 간의 규칙적이고 다양한 상호작용을 통하여 가족의 공동체성, 정서적, 도덕적 관계향상을 도모하는 가족이라고 정의하였다. 송혜림(2005)은 기존의 건강가정의 개념을 재검토하여 〈표 1-1〉과 같이 건강가정의 요소와 영역을 제시하기도 하였다.

〈표 1-1〉 건강가정의 요소와 영역

건강가정의 요소	영역화
경제적 안정/안정적인 의식주 생활/휴식 및 여가공유/자녀의 성장지원/가정문화 창조유지/합리적 자원관리	가정의 내적 기능
열린 대화/민주적 평등의식/가족역할 공유	구성원 간 관계의 결집과 유대
건강한 시민의식/자원봉사 참여	구성원의 대사회적 역할

출처: 송혜림(2005).

이처럼 건강가정은 건강 또는 비건강의 이분법적으로 단절된 개념이 아니라 연속성을 갖는 개념으로 지속적인 건강한 상태를 지향하며 개인 및 가정에게 중요한 것은 이러한 목표를 이루기 위해 스스로 능동적으로 노력을 하는 것이다. 가정의 건강성은 바로 이러한 개인–가정–사회의 상호작용적인 관점을 기초로 하며, 건강가정은 가족의 형태가 어떤 것이든 관계없이 가족구성원의 모든 욕구가 충족되고 인간다운 삶을 보장하는 단위로 그 가정에 속해 있는 개인의 행복에 기여할 뿐 아니라 건강한 사회, 건강한 국가의 기본이 되기에 중요하다.

2절 건강가족의 필요성

1. 가족의 변화와 다양한 가족의 증가

현대사회의 가족변화의 주요 특징은 핵가족화 및 저출산으로 가족규모가 축소되고 세대구성이 단순화되고 있으며, 다양한 형태의 가족이 증가하고 있다. 특히, 결혼에 대한 신댁으로 노인가구의 증가, 여성의 경제활동으로 인한 만혼, 저출산, 돌봄기능 약화 등 가족의 변화가 급속도로 진행되고 있다. 또한, 개인주의 확산과 세대 간 부양의식 약화 등 가족에 대한 가치관도 변화되고 있어 가족환경의 큰 변화를 맞이하고 있다. 그리고 결혼연기 및 포기, 이혼증가 등 가족해체 현상이 가속화되고 있으며, 전통적으로 가족이 담당했던 자녀 재생산, 가족 돌봄 기능 등이 약화되고 있다. 이와 같은 한국가족의 변화에서 가족 기능 상실이나 약화로 인한 가족문제뿐 아니라 이혼율의 증가로 인한 한부모 가정과 재혼가정의 증가, 다문화가정의 증가, 공동체 가족 등 다양한 유형의 가족이 증가하면서 전통적인 가족의 의미가 변화되고 있다. 이제는 일반적으로 인식하고 있는 가족의 개념으로 가족의 건강성을 논의할 수 없게 되었다.

전통적 의미의 가족이 혼인, 혈연, 입양에 의해 형성되는 것으로 보았다면 현대적 의미의 가족은 가족기능에 우선순위를 두고 다양한 형태와 생활양식을 포함하여 가족 정의의 폭이 확대되어 비정형 가족을 적극적으로 포용하는 것으로 정의되고 있다(윤경자, 2008). 따라서 변화하는 사회, 변화하는 가족에서는 전통적 개념의 가족에서 가족의 다양성을 인정하고 수용하는 가족의 개념으로 개념의 변화가 요구된다. 재개념화가 요구되는 것이다.

다양한 가족에 대한 논의에도 불구하고, 가족의 근간이 되는 '관계적', '상호작용적' 기능은 더욱 강화되었고, 이것이 충족되지 않았을 때 가족은 '불안정해지기 때문에' 가족이 인간 개개인의 사정과 안정 소속감의 욕구를 충족시키는 전문적 기능을 갖고 그 욕구와 부합되는 한 인간의 성장을 위해서는 건강한 가족이 필수적이다. 다양한 가족 유형이 증가하는 현실에서 각 가족마다 가족건강성이 무엇인지 어떠한 방식으로 건강가족으로 기능할 수 있을지에 더 많은 관심을 가져야 한다. 또한, 가족변화의 영향은 매우 포괄적이고 광범위한 영역에서 진행되고 있으나 우리 사회의 가족변화 관련 대부부의 정책이 가족변화의 최근 양상을 반영하지 못하고 있으며, 특히 가족단위 정책이 매우 부족하고 개인단위 정책에 치중하여 정책의 효과성이 미흡하다는 비판을 받고 있다.

2. 가정의 중요성에 대한 인식 증대

가족은 역사적으로 볼 때 모든 사회의 가장 중심적인 제도임에 분명하고 인간이 출생하면서 발생하는 일차적인 집단이라 할 수 있으며 인간의 삶에서 가장 큰 영향력을 지닌 중요한 기초 터전이라 볼 수 있다. 가족에 의해 수행되는 고유한 기능은 사회의 존속을 위한 필수요건이며 가족이 모든 사회에 보편적으로 존재하게 되는 이유이다. 머독(Murdock, 1949)은 가족은 성적 기능, 재생산의 기능, 경제적 기능, 교육의 기능을 갖고 있으며 성적 기능과 재생산의 기능이 수행되지 않으면 사회 자체가 존재할 수 없고, 경제적 기능이 없으면 생활이 지속될 수 없으며, 교육적 기능 없이는 문화라는 것이 존속되지 못하므로 결국 사회가 존속, 유지될 수 없다고 하였다.

현대사회에서 사회, 경제, 문화 전반에 걸친 변화는 가족의 변화를 야기했으나 가족의 변화를 바라보는 관점에서 가족변화에 따른 세분화된 양상은 가족의 붕괴, 해체라기보다 사회변화에 도전하는 새로운 가족생활의 형태이고, 가족주의 효력이 약화되면서 한국가족은 개인의 다양한 욕구에 부합되는 형태로 가족을 구성하는 경향이 강하게 나타나면서 그 어느 때보다 가족관계의 질이 강조되고 있다. 이 과정에서 전통적으로 담당해 온 가족의 기능들이 약화되거나 축소되고 교육적, 종교적, 생산적 기능이 사회의 전문기관으로 이관되었지만 가족원의 정서적 욕구충족 및 휴식처로서의 기능은 더욱 중요시되고 가족생활에서 가족구성원들 간의 관계적이고 상호작용적인 기능은 더욱더 강화될 것으로 보인다 가족의 소외현상으로 많은 사회병리 현상이 일어나고 있는 현대사회에서 가족의 교육 보호, 휴식, 오락, 종교의 기능은 신체적, 심리적, 정신적, 문화적 측면에서 사회 안정화의 기능에 대단히 중요한 역할을 담당한다.

특히 인간소외 현상이 심화되고 있는 정보화 사회에서 가정의 중요성은 보다 중요시

될 것이다. 현대사회에서 가족규모의 축소와 가족의 변화는 가족이 수행해 온 돌봄이 가족외부로 이양될 수밖에 없어 돌봄의 탈가족화 정책이 진행되고 있으나 돌봄의 탈가족화에만 초점 맞추는 접근은 가족돌봄의 특성을 반영 못하는 한계를 가지고 있다. 컴퓨터와 기계가 자동화할 수 없는 가족유대, 가족돌봄 차원은 여전히 가정의 역할로 남게 된다.

돌봄은 단지 가족에서 수행해 온 기능이나 노동일 뿐 아니라 가족의 존재의미이기도 하다. 가족구성원은 돌봄을 통해 가족으로서의 생활과 정체감을 공유한다. 이처럼 개개인의 다양성을 존중하면서도 세대 간에 그리고 부모-자녀 간에 정서적 유대와 일체감을 경험하는 일은 다른 기관에 의해 대체될 수 없는 가정의 고유한 기능이 될 것이다. 가정이 인간 개개인의 사랑과 안정, 소속감의 욕구를 충족시키는 전문적 기능을 갖고 그 욕구가 인간본질이 욕구와 부합되는 한 가정은 계속 유지되는 것이고 인간의 건전한 성장을 위해서는 건강한 가정은 필수적이다(유영주, 2004). 건강한 가족에서 구성원들이 개인적인 문제나 병리적인 문제를 만들지 않을 수 있으며, 개인이나 가족이 가진 문제를 건강가족을 추구함으로써 가족병리와 개인문제의 예방과 감소에 영향을 미칠 수 있다. 가족에 대한 연구들은 가족의 제도성 약화에도 불구하고 한국인의 삶에서 가족은 여전히 많은 비중을 차지하고 확대가족 이데올로기에 기반한 가족가치관이 강하게 유지되고 있음을 보여 준다.

3. 가족의 건강성 회복을 위한 국가적 지원의 필요성

현대가정의 다양한 문제들은 개인과 가족원의 힘만으로 해결할 수 없는 사회구조적인 문제들이 많아 복합적인 양상으로 나타나고 있다. 이 현상은 가족갈등과 문제를 조기에 해결하지 못하는 가족의 대처자원이 부족한 상황에 기인하기도 하지만 가족을 지원해 주는 국가의 제도적인 지원 대책이 미흡한 데도 원인이 있다. 가정문제는 가족구성원 개인과 가족의 문제일 뿐 아니라 사회문제이기 때문에 가정문제 해결은 더 이상 국가나 사회문제와 분리되어 생각할 수 없고 가정문제의 해결을 가정 내부의 문제로만 접근하는 것은 한계를 가질 수밖에 없다.

따라서 건강한 사회를 만들고 그 속에서 개인이 건강하고 행복한 삶을 살 수 있도록 하기 위해서는 가족의 건강성을 회복하는 것이 무엇보다 중요한 과제이다. 가정은 사회적 가족의 근본이 된다는 점에서 공공재적 성격을 갖기 때문에 가정문제의 예방과 치료, 그리고 가족의 건강성을 유지, 발전시키기 위해서는 국가와 사회가 적극적으로 개입해야 한다.

현대가족의 변화는 어느 시기보다 복잡하고 다양화, 다원화하는 양상으로 전개되고 있어 사회의 각 분야와 연계 협력을 통한 대응이 요구되는 상황이다. 지금까지의 우리나라의 가족복지정책은 가족을 한 단위로 지원하기보다 아동, 청소년, 여성, 한부모, 노인, 장애인 등 요보호 개인을 대상으로 사후복지 중심의 선별적, 협의적 접근이 주를 이루고 있으며, 가족복지 선진국이 지향하는 보편적, 광의의 접근은 미흡한 실정이다.

3절 건강가정의 특성

1. 오토의 건강가정 특성

오토(Otto, 1962)는 27가족을 대상으로 하여 "다음은 우리 가족의 중요한 정점들이라고 생각되는 것이다."라는 질문에 빈 곳을 채우는 개방식(open-ended) 항목으로 이루어진 가족 강점 질문지(Family Strength Questionnaire)를 작성하여 남편과 아내가 서로 상의한 답변을 바탕으로 다음의 11가지 건강한 가족의 특성을 밝혔다.

- 가족의 신체적, 정서적 그리고 정신적 요구들을 위해 제공되는 지각
- 가족구성원들의 욕구에 대한 민감한 능력
- 의사소통 능력
- 지원, 지지, 격려를 제공하는 능력
- 가족 내외에서 성장, 발달할 수 있는 관계를 설립하고 유지하는 능력
- 이웃, 학교, 지역사회, 정부와 건설적이고 책임감 있는 공동체 관계를 창조하고 유지하는 능력
- 자녀들과 함께, 자녀들을 통해서 성장, 발달할 수 있는 능력
- 자립능력과 아울러 필요할 때 적절하게 도움을 받을 수 있는 능력
- 가족역할을 융통성 있게 수행할 수 있는 능력
- 가족성원들의 개인성에 대한 상호존중
- 가족의 단합, 충성, 상호협조에 관한 관심

2. 올슨 등의 건강가족 특성 - 균형 잡힌 가족

올슨 등(Olson, Sprenkle & Russell, 1979, 1989)은 여러 가지 문헌을 연구한 결과를 통하여 가족행동의 두 가지 측면인 응집력(Cohesion)과 적응력(Flexibility)이 근본적으로 중요하다는 사실을 밝혀내고 이 두 차원으로 가족을 평가하는 순환모델(circomplex model)을 발표했다. 순환모델에서는 체계요소 간의 역동적인 상호작용을 통해 체계의 전체성을 이루고 체계의 평형상태를 유지한다는 것을 기본으로 하여 가족 내에서 이루어는 과정에 초점을 두었다. 따라서 이 모델이 제시하는 가족의 적응력, 응집력과 가족의 기능수행과는 곡선적인 관계가 나타나서, 어느 한 극단으로 치우침이 없는 균형 있는 상태일 때 가장 효과적으로 가족기능 수행이 어우러지며 가족과 가족원의 발달에 가장 바람직하다고 가정한다(유영주, 2004).

〈표 1-2〉 건강가정 속성에 따른 특성

응집성 (Cohesion)	• 가족구성원들이 서로에게 가지는 정서적 유대 • 가족원 간의 친밀감과 유대감을 나타내는 결속의 수준과 가족원 각자의 자율성을 나타내는 분리의 수준 • 응집성의 범위: 단절(disengaged), 분리(separated), 연결(connected), 밀착(enmeshed) – 단절된 가족: 가족원 개인의 자율성을 최대한 누리고자하며, 가족 내에서 자신을 동일시하려는 노력은 전혀 하지 않음 – 분리된 가족: 가족의 자율성을 중요시하기는 하지만, 가족의 통합과 정체감을 느끼기도 함 – 연결된 가족: 가족은 친밀감을 중요시하고 좋아하며, 가족원의 자율성 발달 또한 인정하고 돕는 경향이 있음 – 밀착된 가족: 가족의 친밀성을 지나치게 강조하여 가족원들의 자립과 자율성의 발달을 방해하는 경향이 있음

적응성 (Flexibility)	• 가족체계가 안정을 추구하는 수준과 변화를 지향하는 수준 • 가족생활주기와 발달적 또는 상황적 스트레스에 대응하며 권력구조 역할관계에서 관계적 규칙을 변화시킬 수 있는 가족체계의 능력 • 적응성의 범위(혼돈(chaotic), 융통적(flexible), 구조화(structured), 경직(rigid)) – 혼돈된 가족: 가족생활의 문제와 규칙이나 역할구조 등이 정해져 있지 않기 때문에 문제가 발생했을 때 특별히 달라지는 것이 없음 – 융통적 가족: 가족들은 문제가 생길 때 규칙이나 역할의 변화를 인정하고, 적절히 대처함으로써 문제를 해결하는 능력을 가짐 – 구조화된 가족: 가족의 역할이나 규칙의 변화가 덜 이뤄짐 – 경직된 가족: 가족원들은 역할이나 규칙 바꾸기를 꺼려, 변화를 피할 수 없는 상황이 일어났을 때에만 마지못해 약간의 변화를 수용함
의사소통 (Communication)	• 촉매역할을 하는 요소로 응집성과 적응성을 확인하고 수행하는 수단 • 듣기 기술, 말하기 기술, 자아노출, 명료성, 주제에 집중하기, 존경과 배려

출처: 윤경자 외(2009) 재인용.

3. 그 외 학자들의 건강가정 특성

스티너(Stinner, 1979)는 건강가정연구 프로젝트를 통해 건강가정의 기본 속성을 다음과 같이 여섯 가지로 제시하였다.

- 감사와 존중: 가족원이 서로 감사와 존중을 표현하는 경향이 있다.
- 함께 질적인 시간 보내기: 가족원이 서로가 함께 몰입하면서 질적인 시간을 보낸다.
- 의사소통: 가족원이 서로의 이야기를 경청하고 문제가 발생했을 때에 개방적으로 논의한다.
- 개입: 가족원은 서로의 행복과 복지 증진에 깊은 관심을 보이고 기꺼이 서로의 행복을 위해 희생한다.

- 종교지향: 건강가정은 대부분 삶의 지표로서 종교를 갖는다. 종교에 의해 강조되는 가치와 신념은 가족관계의 질을 향상시킨다.
- 위기에 효과적인 방식으로 대처하는 능력: 건강가정은 위기가 있을 때 약화되거나 해체되지 않고 오히려 위기에 대처하기 위해 결합할 수 있는 능력이 탁월하다.

쿠란과 쿠란(Curran & Curran, 1984)은 건강가정의 특징을 다음의 열다섯 가지의 속성으로 제시하였다.

- 의사소통이 잘되고 상대방의 말을 잘 들어준다.
- 서로 긍정적이며 협조적이다.
- 타인에 대하여 존경심을 갖는다.
- 서로 신뢰한다.
- 놀이와 유머 감각이 있다.
- 공동의 책임의식을 갖는다.
- 옳고 그름에 대한 인식을 가르친다.
- 의식과 전통을 존중하는 가족 관념을 가지고 있다.
- 구성원들 간에 균형 잡힌 상호작용이 있다.
- 공동의 종교가 있다.
- 서로의 개인생활을 존중한다.
- 타인들에게 봉사하는 것을 중요하게 여긴다.
- 가족들이 같이 식사하는 시간과 이야기하는 시간을 갖는다.
- 여가시간을 같이 즐긴다.
- 문제가 생기면 이웃과 서로 도와주고 도움을 받는다.

4절 건강가정의 요소

건강가정이 구성되기 위해서는 의식주 생활 안정의 기본적 토대 위에 가족관계가 평탄하고, 가정의 역할이 순기능을 하여야 하며, 사회와의 관계 역시 조화로워야 하고, 문화의 유지 및 창조가 이루어져야 한다. 「건강가정기본법」과 관련하여 건강가정의 요소는 다음과 같이 열두 가지로 구성되어 있다(조희금 외, 2005). 그 세부적인 내용은 다음과 같다.

- 경제적 토대: 가정의 경제적인 안정과 안정적인 의식주 생활
- 가족관계: 민주적이고 양성평등한 가족관계, 열린 대화, 휴식과 여가공유
- 가정역할: 자녀의 성장 · 발달지원, 합리적인 자원관리, 가족역할 공유
- 사회와의 관계: 일과 가정의 조화, 건강한 시민의식과 자원봉사활동, 지역사회활동 참여
- 가정문화: 건강한 가정생활문화의 유지 및 창조

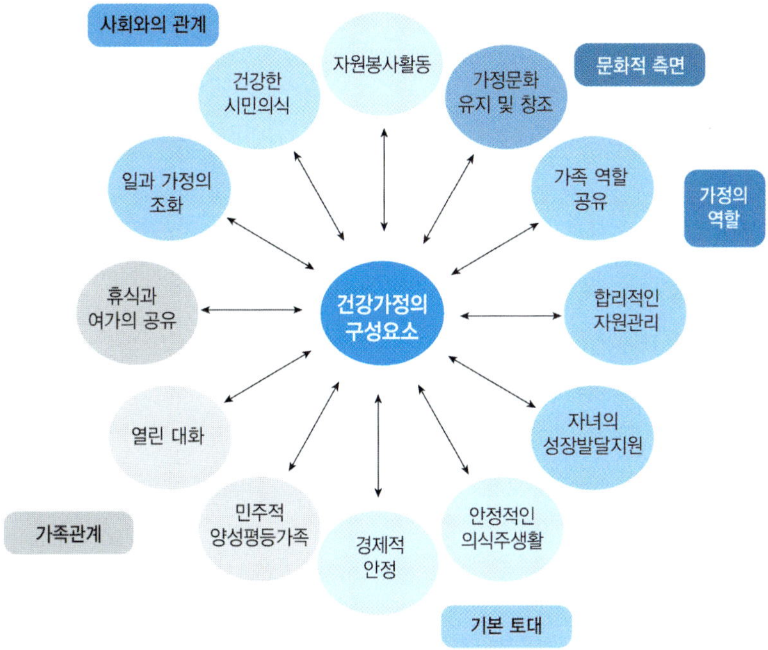

[그림 1-1] 건강가정의 구성요소

출처: 정지영 외(2012) 재인용.

5절 가족건강성

가족은 가장 기본적인 사회체계로 인간이 가진 제도 중 가장 오래되었으며, 사회변화에 따라 다양하게 영향을 받으며 시대 변천에 따라 다양하게 변화하였기에 한마디로 정의하기는 어렵고, 어떤 관점으로 바라보느냐에 따라 학자들의 그 정의 또한 다양하다. 현대사회에서는 가족 구성과 그 형태에 따라 가족의 의미와 가족 기능에 대한 인식도 변화하였다. 올슨과 데프라인(Olson & DeFrain, 1994)은 '가족이란 둘 또는 그 이상의 가족원들이 서로 돕고 몰입되어 있으며, 애정과 친밀감, 가치관과 의사결정 그리고 자원을 서로 나누는 집단'으로 정의하였다. 미국의 조사국(Bureau of the Census)에서는 '한 집에 거주하는 서로 관련된 두 명 이상의 사람들'로 정의하기도 하였다. 이는 혈연관계보다 정서적, 관계적 기능을 중시하고, 가족의 다양성을 인정하는 의미를 내포한다. 또 가족을 체계로 보는 관점에서는 가족행동의 내적 작용에 관심을 두고, 가족 내에서의 사랑, 의식, 패러다임, 규칙, 의사결정, 경계, 일상생활, 자원관리의 가족과정, 가족관계 등이 이루어지는 곳으로 정의한다.

1. 가족건강성 정의

가족건강성을 측정하는 준거가 되는 '건강한 가족(strong family)'의 개념은 가족 연구에서 최근 주목하고 있는 개념으로 개인의 성장을 도모하고 건강한 사회를 유지함에 있어 가족의 중요성에서 출발하였으며, 이러한 가족의 건강성을 개발하는 것이 사회유지에 더욱 효과적이라는 인식에서 확대되고 있다.

오토(1962)는 모든 가족이 잠재된 강점과 능력을 가지고 있음을 강조하였으며, 건강한 가족의 강점(strengths)은 가족생활주기를 거치면서 변화되며, 가족성원들에게 풍부한 경험을 제공할 수 있는 능력이라고 하였다. 스티넷과 사르(Stinnett & Saur, 1977)는 인간의 자아실현은 건강한 가족 안에서 이루어진다고 했으며, 건강한 가족이란 부부관계, 부모자녀관계에서 모두 행복도가 높고, 서로의 요구를 충분히 만족시켜 주는 가족이라고 정의하였다. 유(Yoo, 1994)는 건강가족을 개인적 차원에서 가족원 개개인의 성장과 발달을 도모하고, 가족관계적 차원에서 가족원 간의 상호작용이 기능적이고 원만하며, 가족체계가 잘 유지되면서 가족가치관을 지속적으로 발전시키고 있는 가족이라고 정의하였다.

이처럼 오늘날 가족을 정의하는 요소는 가족의 구조나 형태가 획일적이기보다는 정서적 유대를 중시하고 가족과정과 가족관계가 잘 기능하는가에 초점을 맞춘 접근임을 알 수 있다. 즉, '가족의 건강성'은 정서적 유대감을 적절한 수준으로 잘 유지하는 가족이 가족과정과 관계를 기능적으로 실시하여 가족구성원이 행복하고, 가족이라는 체계로서 각 가족의 상태나 생활주기 등에 맞는 적절한 기능을 잘 수행하는 것으로 정의하고자 한다.

2. 가족건강성 척도

1970년대 중반부터 미국에서는 가족의 기능화 정도를 사정하기 위한 도구들을 개발하기 시작하였는데, 체계적 접근을 토대로 한 올슨의 Circumpllex 모델, 비버스 등(Beavers et al.)의 Beavers systems 모델, 엡스타인 등(Epstein et al.)의 McMaster 모델 등이 있다. 한국형 가족건강성 척도 Ⅱ(KFSS-Ⅱ)의 원척도는 데프라인과 스티넷(2000)이 개발한 American Family Strengths Inventory를 한국가족의 가족건강성 측정에 적합성을 확인한 유영주(2004)의 원척도에 의해 개발되었다.

〈표 1-3〉 한국형 가족건강성 척도 II(KFSS-II)

요인	문항	결코 그렇지 않다	별로 그렇지 않다	그저 그렇다	대체로 그렇다	항상 그렇다
가족탄력성	1. 우리 가족은 각자의 역할을 잘 수행한다.					
	2. 우리 가족은 자기 입장을 표현할 기회를 준다.					
	3. 우리 가족은 어려운 문제를 함께 해결한다.					
	4. 우리 가족은 서로 잘 돕는다.					
	5. 우리 가족은 서로에게 감사와 사랑하는 마음을 표현한다.					
	6. 우리는 서로의 이야기를 주의 깊게 듣는다.					
	7. 우리 가족은 상황에 따라 유연하게 대처한다.					
상호존중과 수용	8. 우리 가족은 서로 신뢰한다.					
	9. 우리가족은 가족구성원으로서 소속감이 있다.					
	10. 우리 가족은 서로 터놓고 이야기한다.					
	11. 우리 가족은 삶에 대해 긍정적인 태도를 가지고 있다.					
	12. 우리 가족은 서로를 존중하고 수용한다.					
질적 유대감	13. 우리 가족은 함께하는 활동(외식, 여가, 취미생활 등)을 즐긴다.					
	14. 우리 가족은 여러 가지 이슈에 대해 논의하는 것을 중요시한다.					
	15. 우리 가족은 함께하는 시간을 많이 가진다.					
	16. 우리 가족은 함께 대화하는 것을 즐긴다.					
경제적 안정과 협력	17. 우리 가족은 먹고 살 만한 수입이 있다.					
	18. 우리 가족은 미래의 경제적 안정을 위해 준비하고 있다.					
	19. 우리 가족은 여가와 문화생활을 할 만한 경제적 여유가 있다.					

요인	문항	결코 그렇지 않다	별로 그렇지 않다	그저 그렇다	대체로 그렇다	항상 그렇다
가족문화와 사회참여	20. 우리 가족만의 전통과 문화가 있다.					
	21. 우리 가족은 사회활동(봉사, 모임 등)에 참여한다.					
	22. 우리 가족은 지역 사회에서 일어나는 일에 관심이 있다.					

영역	문항	점수
가족탄력성	1~7	
상호존중과 수용	8~12	
질적 유대감	13~16	
경제적 안정과 협력	17~19	
가족문화와 사회참여	20~22	

출처: 유영주, 이인수, 김순기, 최희진(2013).

다함께 생각해 보기

1. 어떠한 가정이 건강가정이라 생각하나요?

2. 가족건강성 척도를 활용하여 우리 가족의 건강성에 대해 이야기해 봅시다.

CHAPTER 02

가족에 대한 이론적 접근

Chapter 02

가족에 대한 이론적 접근

가족은 모든 문화, 사회에서 발견되는 보편적인 사회제도로서 역사와 민족, 시대적 흐름에 따라 다양하게 변화된다. 가족은 개인과 사회의 중간에 위치하면서 사회에 대해서는 기본적 사회단위 집단이며, 개인의 성장과 발달에 영향을 미치는 일차적 집단체계이다. 이에 가족은 오랜 역사를 통해 개인이 존재하는 사회와 개인을 연결시키는 중요한 사회제도로서 존재해 왔다.

한국가족은 확대가족의 전형적인 구조를 유지하면서 경제적 생산 활동과 가족부양을 포함한 기능을 수행해 왔다. 이후 급속히 진행된 산업화 및 경제발전 과정에서 핵가족으로의 전환이 전면적으로 이루어졌으며, 그에 따라 전통적인 가족 기능이 축소되고 약화되었다.

1990년대에는 IMF 경제위기, 노동시장의 구조 변동 등의 사회변화를 경험하면서 가족의 형태는 맞벌이 가족과 한부모 가족의 증가, 기러기 가족 및 다문화 가족의 출현

등 전통적인 가족 유형에서 벗어난 다양성의 모습을 보이거나 출산율의 저하, 이혼율의 급증, 가족관계의 파편화와 같은 새로운 고민을 제기하고 있다. 이러한 가족의 변화는 구조나 기능적인 측면과 기존의 가부장적 가족의 가치체계와 제도, 문화적인 측면에서의 의미의 변동과도 관련되어 있다.

현대 한국가족의 모습은 결혼이나 가족에 대한 전통적 가치와 의미가 빠르게 변화되고 있음을 보여 준다. 특히 성역할의 변화로 인한 생계부양자의 역할의 변화 속에서도 가부장적 사고를 가진 남성과 가족 내에서의 개인적 정체성과 권리를 찾고자 하는 여성들의 가족관계는 부계중심 가족제도에 대한 변화를 가져올 가능성이 높다.

하지만 그럼에도 불구하고 가족의 범위는 혈연 중심의 친족 연결체인 '가문' 중심에서 핵가족으로 축소되었을 뿐 가족의 현재적 모습은 전통적 가족 이념을 상당 부분 유지하고 있으며, 가족중심성과 가족의 절대화 현상은 여전하다. 전통적 가치와 근대적 가치의 충돌, 제도로서의 가족이념과 경험으로서의 가족생활이 경합하고 공존하는 가족의 현재는 개인화된 삶의 방식이 지배하는 미래의 가족을 위한 새로운 과제와 문제의식을 제기하고 있다.

1절 가족의 이해

사회가 변화함에 따라 가족제도는 역사적이고 사회적인 문맥 안에서 그 모습을 달리하게 된다. 세계화 및 개인화의 흐름 속에서 후기 근대의 진행과 함께 가족은 독신가구의 증가와 저출산, 재혼 및 한부모 가족의 증가 등 구조상의 급격한 변화를 경험하고 있다.

1990년대 후반 경제위기를 겪으면서 별거나 학대와 방임, 가정폭력, 이혼 등의 가족 해체적 징후가 확산되면서 가족의 변화에 대한 사회적 관심이 대두되었다. 하지만 이러한 현상에 대한 현대 가족의 변화는 단순히 해체나 위기의 측면에서 간단하게 정의내릴 수 없는 매우 다양하고 복잡한 양상을 보이고 있다. 가족은 사회를 구성하는 기본 단위이자 제도이지만 동시에 인간의 삶에 대한 고정관념, 도덕적 규범, 일상의 실천과 같은 문화적 의미와 이념을 가지고 있기 때문이다. 이러한 맥락에서 가족이 무엇이고 가족을 구성하는 기본원리가 어떻게 변화해 왔는지를 성찰할 수 있는 가족의 가치체계를 문화의 변동과정에서 이해할 필요가 있다.

1. 가족의 정의

가족에 대한 정의는 역사적, 문화적, 사회적 요구에 따라 개념적 변화를 가져왔다. 이러한 가족에 대한 개념은 어느 사회에서나 존재하는 사회제도 중 하나로 인간의 출현과 더불어 존재해 왔으며 현존하는 사회제도 가운데 가장 오래된 기본적인 사회제도라고 볼 수 있다.

가족의 사전적 정의를 보면, 한국어 사전에서는 "부부를 중심으로 하여 그로부터 생긴 아들, 딸, 손자, 손녀들로 구성된 집단"이며, 한국가족문화 대백과사전에서는 "혈연, 인연, 입양으로 연결된 일정범위의 사람들로 구성된 집단"이다. 이들의 정의를 보면, 가족의 개념을 주로 가족구성원의 범위를 중심으로 기술하고 있다.

사회가 인정하는 결혼을 통해 구성된 가족을 “공동의 거주, 경제적 협동, 자녀의 출산과 양육을 특징으로 하는 사회적 집단”으로 머독(1949)은 정의하였다. 이것은 “사회적으로 인정받는 성적 관계를 유지하는 최소한의 두 성인 남녀를 포함하고 한 명 또는 그 이상의 자녀들로 이루어진 집단”을 의미한다.

구드(Goode)는 가족이란 “적어도 두 명의 성인 남녀가 거주를 같이하며 경제적, 사회적 교환을 하고 음식, 성, 주거, 재화, 사회활동 등을 공유하며, 성인과 자녀는 부모관계를 맺고 자녀들 간에는 형제자매 관계가 존재하여 구성원 간에 서로 보호하고 돕고 함께 나누어 가질 의무를 가지는 집단”이라고 하였다. 이 정의는 가족구성원 간의 관계를 강조하였다(문혁준 외, 2020).

가족에 대한 과거의 개념은 결혼을 통하여 부부의 인연을 맺은 두 성인과 그들의 자녀로 구성된 것으로 인식되어 왔으나 오늘날 사람들의 가치관과 생활양식이 다양해지고, 국제결혼의 증가, 이혼과 재혼 증가 등의 사회 변화로 다양한 형태의 가족공동체가 나타났다. 이러한 가족공동체는 혈연 중심의 가족을 넘어 서로 가족으로서 지속적인 관계를 유지하며, 유대감을 가지고 생활하는 공동체를 의미하는 것으로 보고 있다.

2015년 통계청 가족실태조사에서는 가족의 개념을 ‘혈연, 혼인, 입양 등으로 함께 살고 있는 사람들’의 개념으로 보고 있다. 한국민족문화대백과사전을 인용하면, 현대사회에서는 한 가족의 전체 가족원이 언제나 하나의 집단 안에서 함께 생활하지 않고, 학업과 취업 등의 이유로 가족원의 일부가 일시적으로 가족을 떠나는 경우, 일시적으로 다른 가구를 형성하거나 다른 가족(가구)의 비가족원이 되어 있는 경우라도, 그들이 생계를 공동으로 하며 한 가족의 가족원이라는 의식이 있는 한 동일 가족의 구성원으로 간주해야 한다고 보고하고 있다.

학자들은 가족을 정의하는 데 하나의 ‘가족(the family)’이라는 고정된 시각에서 ‘가족들(families)’이라는 새로운 개념으로 바뀌어야 한다고 주장하고, 그 이유는 가족에 대한 고전적 정의가 현대의 모든 가족을 포함하지 못하고 한 가족을 다른 가족보다 정상적이고 우월한 것으로 여기기 때문이다(정옥분 외, 2020).

앤더슨과 사바텔리(Anderson & Sabatelli)는 가족이란 "둘 또는 그 이상의 구성원들이 서로 몰입되어 있으며 애정과 친밀감, 가치관 의사결정, 그리고 일정한 정서적 유대를 경험하고, 개인과 가족의 욕구충족을 위하여 과업을 수행하는 상호의존적 사람들로 구성된 집합체"라고 가족을 정의하였다. 이 정의들은 가족원 간의 인간관계와 기능에 중심을 두는 것이 공통점이며 가족을 포괄적인 의미로 확장시켜 이해해 가는 최근의 추세를 반영한다.

정현숙 등(2001)은 "가족이란 아동의 기본적 사회화를 수행하고 성인이 사회의 구성원으로서 역할을 할 수 있도록 안정감을 제공하는 집단으로 구성되며, 애정과 친밀감을 바탕으로 서로 헌신하고 가치관을 공유하는 특성을 지닌 집단"으로 보았다.

문혁준 등(2020)은 가족은 아동에게 사회적 가치, 규범, 제도 등을 전수하고 성인에게는 심리적 안정 및 정서적 지원을 제공함으로써 사회의 구성원으로서 기능할 수 있도록 하는 집단이라고 정의하였다. 이처럼 가족구조에 초점을 둔 국내 학자들의 가족 개념은 점차 산업화와 근대화를 거치면서 심리적 기능을 강조하는 경향으로 변화하였다.

2절 가족의 특징

사람들은 힘들거나 괴로울 때 가장 가깝고 믿을 만한 사람에게 의지한다. 그 사람을 통해 위로와 확신을 얻는 것이다. 의지하는 대상이 꼭 문제를 해결해 주는 것은 아니다. 단지 그에게 속을 털어놓는 것만으로도 기분이 한결 나아진다. 그렇기에 결혼을 통해 가정을 만들어 가는 것은 아닐까 하는 생각이 든다.

결혼은 혼인 당사자에게 새로운 책임을 주어지게 하는데, 곧 가족에 대한 책임이 그것이다.

가족이 형성되는 기초는 두 성인의 헌신적인 관계로 시작되며 가족은 인류가 존재하기 시작하면서 어느 사회나 존재하는 사회제도다.

우리는 부모, 가족, 부부에 속해 있으며, 기업, 사회, 지역사회 등 나를 기준으로 내 주변을 둘러싼 환경과 상호작용하며 자기 정체성을 확립하고 마음의 안정을 누린다. 우리 모두가 공통적으로 소속감을 느끼는 곳이 가족이며 가족들과 애착을 잘 형성할 때 여기서 느끼는 소속감은 사랑과 행복감의 원천이 된다. 이 때문에라도 우리는 이 세상에 완벽한 가정은 없지만, 가정을 따뜻한 둥지로 만들어 각 구성원들이 그 안에서 소속감을 느껴 평안할 수 있게 노력을 기울여야 한다.

인간은 부모가 되면서 자녀들이 사회 구성원으로 잘 기능하도록 사회화시키는 책임을 가지게 된다. 누구나 세상에 태어나 가족을 통해 처음으로 사회적 관계를 맺게 되는데 이를 통해 어떤 관계를 맺고 어떤 감정을 경험했는가는 대인관계에 대한 기본적 믿음과 기대를 갖게 하며 수많은 관계 속에서 영향을 미치게 된다.

이상에서 언급한 내용을 토대로 가족을 하나의 사회집단으로 보았을 때 다른 사회집단과 구별되는 특성은, 첫째, 가족은 일차적 집단이다. 둘째, 가족은 공동사회집단이다. 셋째, 가족은 폐쇄집단이다. 넷째, 가족은 형식적 집단이나 가족 관계는 비형식적 집단이라는 것이다.

3절 가족의 기능

가족의 기능은 가족이 수행하는 역할, 행위로서의 가족행동을 의미하는 것으로, 그 행동의 결과가 가족원의 욕구충족과 사회의 유지존속에 어떠한 영향을 주느냐 하는 문제와 관련된 개념이다. 즉, 가족이란 개인과 사회의 중간에 위치한 체계로서 전체 사회에 대해서는 하위체계로, 개인에 대해서는 상위체계로의 양면적인 특성을 가지므로 가족의 기능은 개인적인 측면에서 수행되는 역할과 사회에 대해서 수행해야 하는 대내적, 대외적 역할 모두를 가지게 된다.

가정은 사회의 기초가 되는 곳이므로 가족이 수행하는 기능은 가족원의 욕구충족과 사회의 유지발전에 기여한다. 가족의 기능을 살펴보면 다음과 같다.

1. 경제적 공동체의 기능

결혼은 두 배우자가 하나의 경제 공동체로서 소비와 지출을 함께하며 공유의 재산을 모으고 자녀를 낳아 함께 양육하기로 합의하는 법적절차이다. 결혼생활을 시작하는 순간부터 주체인 두 남녀는 가정에서 각각 고유의 영역을 책임진다.

과거 농경사회에서 가족은 스스로 생산한 농산물을 소비하는 자급자족이 가능했지만 현대 사회에서는 자신의 노동력을 제공하고 그 대가로 임금을 받아 가족원의 욕구를 충족시키기에 합리적이고 절약적인 재정관리가 필요한 시대가 되었다.

보편적으로 가정을 이루고 나면 남편은 주로 경제활동을 담당하고 아내는 집안일과 자녀 양육을 맡지만 오늘날은 가족체계에도 많은 변화를 가져왔다. 가정에서의 고유영역을 주장하기보다는 일과 양립의 문제를 해결하기 위해 아이들을 양육함에 있어서도 함께 양육을 책임지는 경우가 많아졌다.

부부가 맺어질 때는 사랑으로 맺어지지만 가정이 유지되기 위해서는 반드시 경제력이 필요하다. 이는 외면할 수 없는 현실이다. 경제적 기반이 없는 가정은 언제 해체 될지 모르며 현대사회에서 돈을 벌 수 있는 능력은 곧 생명을 보존하기 위한 수단이다.

우리나라 「민법」에서도 혼인한 배우자 간에 부양의 의무가 있음을 규정하며, 부양의무 불이행은 악의의 유기로서 이혼의 원인이 될 수 있다. 또한, 이혼 시 배우자는 재산분할청구권을 행사할 수 있는데 이는 혼인기간 동안 축적한 재산은 부부 공동의 것이라는 의미를 지닌다. 부모는 미성년 자녀에 대한 양육비를 지출해야 하고 경제적 능력이 없는 노부모에 대한 부양의무가 있다.

2. 성적 요구 충족 및 통제의 기능

결혼은 인간으로 하여금 개인의 성적 욕구를 충족시키는 한편 성적 무질서를 통제하기 위한 제도적 성격을 함께 가지고 있다. 즉, 결혼 생활에서만큼은 성과 관련해 철저한 자기 관리와 통제력을 일관되게 유지하는 것이 필요하다. 가족의 가장 기본적 기능 중 하나가 혼인을 통해 성인 남녀의 성적 욕구를 합법적으로 충족시키는 것이다. 즉, 결혼을 통해 두 배우자는 상호 간의 성행위를 합법적으로 인정받게 되며 동시에 상대방에 대한 배타적 성적 권리를 획득한다. 이는 결혼을 통해 보장받는 배우자의 성적 행위에 대한 독점적 권리를 의미한다.

우리나라는 2015년 "간통죄는 과잉금지원칙에 위배하여 국민의 성적 자기결정권 및 사생활의 비밀과 자유를 침해하는 것으로서 헌법에 위반된다"라며 위헌 결정을 내렸다. 하지만 결정문에서 "부부간 정조의무 및 여성 배우자의 보호는 간통한 배우자를 상대로 한 재판상 이혼청구, 손해배상 청구 등 민사상의 제도에 의해 보다 더 효과적으로 달성될 수 있다"라며 결혼제도에서 부부 사이의 성적 욕구 충족 및 통제 기능을 명시하였다.

인간은 생물학적으로 성적 욕구를 충족하려는 생리적 특성을 가지고 태어난다. 만약 성적 충족에서 완전한 자유나 개방이 허용된다면 사회 기본 질서를 유지하기 어렵게 만들 것이다. 서로에게 상처가 되지 않도록 가족 간에 친밀감을 유지하면서 성과 관련해 철저한 자기 관리와 통제력을 일관되게 유지하는 노력이 필요하다.

결혼은 개인에게 성욕을 합법적으로 충족시키는 기회를 마련해 주는 것이지만 성 관계의 해방을 의미하는 것이 아니라 성 관계를 규제하고 통제하는 공인된 사회적 방법이라고 볼 수 있다(유영주 외, 2008).

3. 사회적 지위 부여의 기능

결혼은 새로운 사회적 지위를 새롭게 혼인당사자에게 부여하는 기능을 하여, 가족 간의 결합으로 여겨지는 사회에서 특히 중요한 의미를 가진다.

개인은 부모의 가정과 결혼으로 형성된 가족의 관계 속에서 일정한 지위에 따른 주어진 역할들을 수행하게 된다. 가족 내에서 자신의 정체성을 가지고 자신의 역할이 무엇인지를 인식하고 지각하면서 소속감과 책임감을 가진다. 이는 대내적으로 자기 성장과 발전이 되며 대내외적으로 사회 안정과 발전에 기여하게 된다. 중매혼의 경우, 지위 부여의 기능은 결혼이 개인의 선택이라기보다 가족 간의 결합으로 여겨지는 사회에서 특히 중요한 의미를 갖는다.

가족에서 자녀로서, 부부로서, 부모로서, 형제자매, 시부모, 며느리, 사위로서 각각의 지위에 따른 역할을 일생 동안 수행하는 과정을 통해 잠재력을 개발하고 인생의 의미를 깨달으며 인격성장과 사회발전에 기여할 수 있다는 점에서, 가족의 사회적 지위부여 기능은 현대 사회에서 더욱 중요시된다(최규련, 2011).

4. 출산 · 보호 및 돌봄의 기능

결혼을 통해 형성된 가족은 사회를 유지하기 위해 부부간의 성 생활의 결과로 자녀를 출산하여 자손을 재생산하고 종족을 보존하게 된다. 부모는 아동이 성인이 되기까지 필요한 의식주를 제공하며 양육할 의무를 가지며 아동의 인지적 · 도덕적 발달에 대한 책임이 있다. 가족의 자녀 양육과 사회화 기능을 통해 자녀는 사회생활에 적응해 나가는 데 필요한 지식과 기술을 배우게 된다. 그 외에도 가족 문화를 전달하고 바람직한 가치관을 심어 주며 올바른 시민이 되도록 한다. 또한, 돌봄의 기능을 통해 가족을 부양해야 할 책임이 잇는 것이다. 돌봄은 건강 여부를 막론하고 건강한 생활을 유지하거나 증진하고, 건강의 회복을 돕는 행위라고 볼 수 있다. 돌봄 기능의 일차 대상은 가족 내 아동과 노인이다. 부부 사이 및 부모와 미성년 자녀 사이의 부양의무는 생활유지를 위한 가족공동체의 본질이라고 할 수 있다. 그 밖에도 질병이나 사고로 일상적 기능을 수행하지 못하는 구성원이 발생하면 가족이 이들을 돌보게 된다. 우리나라 민법에서는 직계 혈족 및 배우자 사이의 부양 의무뿐만 아니라 생계를 같이하는 그 밖의 친족사이에도 부양의무를 명시하고 있다(문혁준 외, 2017).

5. 정서적 안정 · 지지 및 사회화의 기능

가족은 친밀하고 대면적인 관계를 지속하는 특징을 갖는 1차적 집단이다. 친밀한 관계는 서로의 마음을 읽고 이해하는 관계다. 가정 내에서는 가족구성원이 친밀감을 형성하는 것은 중요하다. 현대 사회가 복잡해지고 경쟁이 가속화됨에 따라 정서불안과 스트레스가 증가하고 정신건강 문제가 많이 발생하고 있다. 이에 따라 가족이 쉼과 안정감을 주고 수용해 줄 것을 기대하게 되었고, 이 기능이 충족될 때 가족원의 정신건강과 행복감은 증진되는 것이다(최규련, 2011).

인간은 누구나 존엄성과 가치 있는 삶을 살기 위해 가족이 안정감을 주고 수용해 줄 것을 기대한다. 가족은 경쟁적 관계가 아닌 상호 보충적으로 관계를 증진시키고 누릴 수 있는 장소 중 하나이다. 이러한 가족은 사회와 분리가 불가능한 집단이다.

가족의 건강성은 사회의 건강성으로 이어진다. 또한, 사회의 불안은 가정의 불안으로 이어지기도 한다.

현대 사회가 복잡해지고 경쟁이 가속화됨에 따라 가족은 쉼과 안정감을 주고 수용해 주는 기능을 하고 사회는 각종 질병과 개인적·사회적 위협으로부터 가족구성원과 재산을 보호해 준다. 또한, 가족은 부양과 보호가 필요한 노약자나 장애인을 보호한다. 오늘날에는 정부가 사회보장·사회복지제도를 통해 아동이나 노인, 환자, 장애인 등 사회적 약자에 대한 보호와 부양의 일부를 담당하고 있다. 사회활동에 참여하는 취업 여성의 가족은 가정 내에서 수행되는 아동과 노인에 대한 보호 기능을 어린이집, 유치원, 노인학교, 양로시설 등의 사회적 시설 혹은 기관을 활용하여 충족시키고 있다(박주현 외, 2019).

가족이라는 집단에서 구성원들은 자신의 생활과 인생에서 경험하는 실망과 기쁨을 함께 나누는 동료이므로, 서로의 성공을 진심으로 기뻐해 주고 실패했을 때 고통을 함께 나누는 분위기를 조성하는 것이 필요하다.

다함께 생각해 보기

여러분에게 가족은 어떤 의미입니까?

1. 가족의 기능

2. 가족에게 고마운 점

3. 가족에게 서운했던 점

4. 가족을 향한 나의 역할 생각해 보기

CHAPTER

03

결혼과 가족의 이론적 접근

Chapter 03

결혼과 가족의 이론적 접근

1절 결혼의 개요

1. 결혼의 정의

결혼은 법률상 혼인신고를 함으로써 생기는 남녀의 관계로서 생물학적으로는 성(性), 출산, 육아와의 연관이 중요시된다. 대부분의 결혼은 양가 부모로부터 독립하는 새살림 혼인(neolocal marriage)의 형태를 취하는데, 부부는 자신들의 가계를 스스로 꾸려 나간다. 부계를 따르는 곳에서는 부거제(父居制) 혼인(patrilocal)이라고 하며, 모계를 따르는 곳에서는 모거제(母居制) 혼인(matrilocal)이라고 한다. 또한, 결혼은 당사자가 한 사람과 결혼하는 단혼제(monogamy)나 여러 사람과 할 수 있는 복혼제

(polygamy)가 있다. 여기에는 한 남성이 여러 명의 부인을 갖는다든지, 한 여성이 여러 명의 남편(종종 그 남편의 형제들일 수도 있다)을 가질 수 있는 일부다처제(polygyny)와 일처다부제(polyandry)가 있다. 대부분의 결혼은 남편이 부인보다 나이가 많은 연상혼(年上婚, hypergamy)이다.

결혼은 젊은 남녀가 부부가 되는 것이다. 비록 둘의 역할이 분리되거나(각자는 자신의 고유한 역할, 인간관계를 갖는다), 혹은 공동적이라 하더라도, 둘의 관계는 일정한 사회단위를 형성하는 것으로써, 노동의 성적 분업은 사회의 일반적인 형태로 나타난다(네이버 지식백과, 사회학사전, 2000. 10. 30., 고영복).

결혼이란 남녀가 법적 · 사회적 승인 아래 남편과 아내로서 맺는 결합으로 현재 우리나라 법에는 여자는 16세, 남자는 18세가 되어야 부모의 동의를 얻어 결혼할 수 있고, 미성년이 아닌 만 20세 이상이 되면 부모 동의 없이도 결혼할 수 있도록 되어 있다. 결혼이란 행복의 문도 아니며 불행의 문도 아니다.

2. 부부관계의 의미

부부란 법률상 혼인관계에 있는 남녀의 신분을 뜻한다. 부부에게는 다음과 같은 혼인의 효과가 발생한다. 먼저 일반적 효과로써 부부는 혼인에 의하여 배우자로서의 신분을 취득하여 친족이 되며(민법 777조 3호), 부족(夫族) 또는 처족(妻族)과 인척관계를 가지게 된다(777조 2호).

서로 다른 가정에서 자란 두 사람이 만족스런 부부관계를 형성해 가기 위해서는 계속적인 노력이 필요하다. 현대가족에서는 부부는 애정을 기초로 하여 상호인격적 결합과 정서적 유대 관계에 의존하고 있으므로 원만하고 만족스러운 부부관계는 가족의 안정성에 핵심적인 역할을 한다. 부부관계는 비혈연적이지만 두 사람의 지속적인 전인격적 발전을 기초로 가장 친밀하고 만족스러운 관계로 발전해 나갈 수 있는 동시에 가장 파괴적이고 고통스런 관계가 될 가능성도 가지고 있다. 행복한 부부관계를 위해서는 서로의 이해의 폭을 넓혀 나가고 상대방의 욕구를 충족시켜 주려는 노력과 서로의 장점을 보완하여 적응해 나가는 헌신적인 자세가 필요하다.

3. 결혼의 의미와 부부관계의 속성 변화

우리는 살아가면서 때로는 사랑하는 사람과 함께 동거, 혼외출산, 결혼, 이혼, 재혼 같은 사회적 현상을 경험하며 살아가게 된다. 현대사회에서 독신이나 동거에 대한 사회적 허용성이 증가하면서 결혼의 중요성은 점차 감소하고 있다.

결혼에 대한 태도변화가 가져온 이러한 변화를 위기로 인식하는 관점도 있지만 반대로 가족의 변화에 대한 유연성이 증가한 것으로 보는 관점도 있다. 미래에는 결혼의 대안적 형태가 사회에서 자연스럽게 받아들여질 것이고 사람들은 결혼 전에 성관계를 갖고, 결혼하지 않고 동거하며, 결혼하지 않고 아이를 출산하고, 결혼을 거부하며, 결혼한 사람들도 결혼생활에 문제가 있으면 이혼할 것이다.

2절 가족의 생활주기의 의의와 관점

1. 가족생활주기의 의의

인간은 태어나서 특정한 발달단계를 거치며 단계마다 과업이 있는 것처럼 가족에게도 발달단계와 과업이 있다. 가족생활주기는 시간이 경과함에 따라 가족 내의 발달적인 경향을 묘사하기 위해 일반적으로 사용하는 용어이다(Cater & McGoldrick, 1996). 가족은 인간 환경에서 전해져 오는 일정한 관계와 형태에 따라 발전하며, 사회적, 정서적 및 경제적 요구에 따라 변화된다. 그러므로 가족생활주기는 대부분의 가족들이 일생동안 거치는 중요한 단계들의 연속이라는 뜻으로 오랫동안 사용되어져 온 용어이다.

가족생활주기는 시간의 흐름 위에 가족의 형태가 변하는 것에 초점을 두고 있으며, 세대 간 반복되어 일어나는 연속이나 완전한 원을 의미하므로 주기(cycle)라는 용어를 사용한다.

가족은 영속성을 가지고 있다. 시간이 흘러도 지속적으로 존재하는 특징을 가지고 있다. 그리고 개인과 마찬가지로 가족 또한 출생에서 죽음에 이르는 과정을 경험하게 되는데 각 과정을 통과하는 모습은 가족마다 다르며, 이것은 가족의 개별성을 드러내는 것이다.

가족생활에는 인간의 생애주기처럼 탄생과 죽음이 있다. 남녀가 결혼하면서 새로운 가족생활주기가 시작되고 부부가 늙어 사망하게 되면 이 주기가 끝난다. 그렇기에 부부는 이러한 가족생활주기의 단계를 순조롭게 기치려면 결혼생활에 부과된 특정 과업을 완수해야 한다. 그러나 가족생활주기의 한 단계에서 다음 단계로 넘어갈 때 적응의 문제가 생기기 쉽다. 이렇게 가족은 적응과정에서 심각한 문제가 생기게 되면 스트레스를 많이 받게 되므로 가족생활주기상의 위기가 가족문제의 원인이 될 수 있다.

2. 한국인의 가족생활주기

가족은 사회의 기초가 되며 사회의 변화와 불가분의 관계에 있다. 현대사회에서 가족 변화를 살피기 위해서는 현대사회의 흐름을 살펴보는 것은 중요하다. 이는 사회 변화가 가족 변화에도 영향을 미칠 수밖에 없기 때문이다.

1) 한국문화의 특징

유교 사상에 문화적 뿌리를 두고 있는 한국인은 개별성보다는 상호 의존적 특성을 강조하며 주위 사람이나 사물과의 조화를 중시한다. 한국은 주변국인 중국이나 일본과도 많은 유사성을 가지고 있지만, 그 어느 나라에서 보다 혈연을 강조하며 나름대로 독특한 문화를 발달시켰다.

특히, 한국 사회의 문화적 특징을 가장 잘 설명하는 개념은, 첫 번째로 가족주의라고 할 수 있다. 가족주의의 핵심은 사회의 기본구성 단위를 개인이 아니라 가족 집단이라고 보는 것이다.

두 번째로는 인정주의를 들 수 있다. 한국문화를 거론할 때 빠뜨릴 수 없는 것이 바로 인정주의다. 한국 사회에서는 이상적인 인간관계를 가족과 같은 관계라고 보고 가까운 사람을 식구처럼 지내는 사람이라고 지칭한다.

세 번째로 권위주의를 들 수 있다. 가정 내에서 아버지를 중심으로 한 가부장적 제도는 권위주의의 원형으로 부모의 절대적인 권위를 중시하는 가치 규범에 바탕을 두고 있다. 비록 오늘날 가정 내에서 가부장의 권위가 많이 사라지긴 했어도 아직 윗사람 중심의 서열을 중시하는 한국 사회에서는 체면이나 눈치를 중시하기 때문이다.

네 번째로 연고주의를 말할 수 있다. 가족주의에 기인된 것으로 볼 수 있는 것이 바로 연고주의이다. 대부분의 한국 사람은 학연, 지연 등을 통해 내집단을 구성해 그것에 의지해 자신의 힘을 확대하고자 하는 동기를 갖는다. 즉, 한국인은 어떤 개인이 '우리' 속에 들어올 때 그 구성원에 대해 좀 더 친밀감을 가지고 이해하거나 밀어주어야 한다고 여긴다. 한국 사람은 독자적으로 행동하기보다는 어떻게든 다른 사람과 연결고리를 만들어 '우리'로 묶으려는 경향을 보이기 때문이다.

2) 한국가족의 구조적 변화와 생활주기

최근 한국은 새로운 인구학적, 구조적 특성을 보이고 있는데, 첫째가 저출산과 고령화이다. 둘째는 혼인감소와 이혼증가인데, 젊은층의 혼인율은 감소되고 이혼율은 전 연령에 걸쳐 확대되고 있다. 셋째는 가족형태의 다양성 증가인데 이는 사회 · 문화적, 경제적 영향, 수명의 연장, 가치관의 변화 등에 의한 것이다.

산업화의 원동력이었던 '개별성'이 봉건적 대가족과 부부 중심의 핵가족 해체에 기여하고 있으며 개인과 가족의 소외로 여러 가지 역기능적 증상이 나타나고 있다. 이혼, 별거 등으로 인한 결손가족이 늘어나고 있고, 청소년 비행과 노인 소외현상이 갈수록 심각해지고 있다. 또한, 가족들의 생활 시간대가 서로 달라서 가족이 한자리에 모일 기회가 거의 없는 가정도 적지 않다. 가족과의 대화보다는 소셜 미디어와 SNS를 더 즐기는 경향이 있으며 함께 TV를 시청하거나 식사를 하는 모습이 점점 사라지면서 가족들 간의 소외현상은 심각해져, 가족구성원들 간의 여러 가지 갈등들이 사회적인 문제로 대두되고 있다.

노년기의 황혼이혼, 이혼으로 인한 자녀유기, 자녀의 부모폭력, 부모의 자녀 학대와 방임 등은 새롭게 증가하는 가족생활주기상의 문제라고 할 수 있다. 그중 큰 문제점 중의 하나가 노인 소외현상이다. 핵가족제도에서는 전통적인 가족제도에서 중시하던 효 개념은 약화되고, 아내와 어린 자녀들에 대한 애정만이 강화되었다. 부부 중심의 핵가족 가치가 자리 잡아 가면서 노부모들의 위치는 구조적으로도 불안정하게 변했고, 여전히 부모부양의 가족 책임론이 우세하지만 효 규범은 개인주의적 성향이 압도해 가는 현대의 변화한 가족생활과 여러 가지로 불협화음을 드러내고 있어 노부모, 며느리, 아들에게 따뜻하고 만족스런 삶을 가져다주지 못하고 있다. 서로 다른 세월을 살아왔기 때문에 서로 다른 가치와 기대를 갖는 이들 부모와 자식들은 세월의 의식, 정서의 괴리로 인하여 세대 간에 문화적 갈등, 심리적 갈등을 겪으며 살아가고 있다.

현대 사회에서 시장경제에의 의존은 물질만능주의를 확산시켰을 뿐만 아니라 계층 간의 생활 수준의 차별과 간격을 심화시켰고, 가족생활의 질을 비인간화하며 인간적 연대를 약화시켰다. 게다가 소비 조장의 상품경제는 환경공해와 자연생태계의 위기를 가져오며, 생명보존과 건강을 위협하고 있다. 작은 사회라고 불리는 가족 안에 이러한 여러 가지 사회문제가 집약되어 나타나고, 이러한 문제들은 가족관계에 갈등과 불안을 조장하며 가족을 위협하고 있다.

한국은 1960년대 이후 급속한 경제성장을 거치면서 단기간 내에 많은 사회적 변화를 거치게 되었다. 부모들이 성장했던 사회와 자녀들이 성장한 사회는 그 구조나 기능

면에서 크게 달라짐을 알 수 있다. 특히 오늘날 교육의 기능을 가정보다는 사회에서 대부분 전담하게 되면서 가정교육이 학교 교육을 보조하는 위치로 전락해 버렸다. 부모들의 가치관 변화와 학교 교육에 대한 맹신에 의해서, 인간교육에 있어서 가장 중요한 가정에서의 인격교육이 제대로 행해지지 않고 있다. 또한, 대학입시 중심의 학교교육이 가정의 유대를 약화시키고 있다. 매스컴 역시 청소년의 정서 세계를 기성세대와 점점 더 멀게 하여 가정 속에서의 세대 간의 벽을 더 두껍게 만듦으로써 우리 가정의 정서적 유대를 약화시키고 있다.

(1) 저출산과 고령화

현대의 한국가족은 소가족화, 가구원 수의 축소, 세대의 단순화와 더불어 핵가족화가 증가하는 추세이다. 통계청에서 내놓은 자료를 보면 가족구조의 변화 중 가장 특징적인 것은 자녀 수의 감소 현상이다. 2019년 통계청 자료에 의하면 평균 가구원 수는 2.44명으로 2017년 2.47명보다 0.04명 감소했으며 2005년 이전 가장 주된 유형의 가구는 4인 가구였으나, 2010년에는 2인 가구, 2015년 이후로는 1인 가구가 주로 많이 나타나고 있다. 이처럼 낮은 출산률과 평균수명의 연장은 전체 가족생활주기에 반영되고 있다. 일반적으로 가족생활주기는 첫 자녀의 출생과 발달단계에 따라 범주화되는데, 최근 증가하고 있는 자발적 무자녀 부부의 경우 규범적인 가족생활주기를 따르지 않는다. 또한, 많은 젊은 부부가 1~2명의 자녀를 갖고 있어 첫 자녀 출산에서 막내 출산에 이르기까지 가족확대기는 상당히 단축되거나 없어지는 반면, 자녀교육 기간이 길어지고 자녀의 결혼연령이 늦어짐에 따라 막내 출산 후 첫 자녀 결혼까지의 확대 완료기는 상당히 길어진다. 또한, 수명연장으로 막내 결혼부터 한쪽 부모 사망까지의 가족 축소 완료기 역시 길어져, 자녀가 모두 떠난 후 부부만 남아서 보내는 빈둥지 단계가 대폭 길어진다. 비록 자녀 수가 줄었지만 노인 부모를 부양해야 하는 시기가 길어짐에 따라 양육과 부양 등의 보살핌의 기간이 가족생활주기에서 차지하는 비중은 더욱 커지고 있다.

3절 한국의 다양한 가족

1. 독신 가구

해가 거듭될수록 1인 독신 가구가 증가 추세이다. 독신 가구는 성인 단독으로 독립적 거주를 하는 1인 가구를 말한다. 가족은 "상호작용하는 최소한의 2인"을 일반적 구성요소로 갖기 때문에 단독 거주자에 대해서는 가족이라기보다는 가구라는 용어가 사용되고 있다.

현대 사회에서 다양성에 대한 가치가 존중되면서 결혼의 당위성이나 규범적 가족에 대해 회의적이고 제도적 결혼을 기피하고 동거만으로 가족을 형성하기도 하며 결혼을 하지 않고도 자녀를 입양하거나 자발적 미혼모가 되는 사람들도 증가하고 있다. 1인 가구로 형성된 독신 가구는 급속한 산업화에 따른 가족구조의 변화, 취업 경쟁의 격화, 개인주의의 확산, 삶의 여유에 대한 욕구 상승과 함께 증가하고 있다. 대표적인 1인 가구 집단은 결혼 전 젊은 청년층과 노인가구다. 과거에 개인의 삶이 집단적으로 가족생활에 의해 통제되던 것과 달리 혼자 생활하면서 누리는 자유와 가족원으로서의 의무에서 해방된다는 점은 독신 가구의 증가에 이바지하고 있다(문혁준 외, 2017).

2019년 통계청 집계자료를 보면 1인 가구 비율은 29.3%(5,849천 가구)로 전년 28.6%에서 0.7%p 증가하였으며 연령계층별로 1인 가구는 70세 이상 18.3%, 20대 17.4%, 30대 17.0% 순으로 높게 나타났다. 또한, 1인 가구 중 남자는 30대(21.9%), 여자는 70세 이상(28.1%)이 가장 높은 것으로 보인다. 이처럼 독신 가구가 늘어나는 것은 대학 진학률이 증가하면서 교육기간이 길어지고 이로 인해 경제적 독립을 위한 취업시점이 늦어지면서 만혼이 나타나는 데 주요 원인이 있다. 또한, 배우자와 사별한 후 자녀와 동거하지 않는 노인 단독가구의 증가는 핵가족 가치관의 확산과 함께 향후 지속적으로 증가할 가능성이 있다.

2. 무자녀 가구

무자녀 가구는 자녀를 출산하지 않은 채 부부만으로 구성된 가족을 말하며 출산은 없지만 입양을 통해 자녀를 양육하는 입양가족과는 구별되는 유형이다. 이는 현대 사회에서 두드러진 현상 중의 하나로 자녀 양육기능의 약화에 따라 나타나는 현상이다.

무자녀 부부 중심의 가족은 자녀의 출산을 혼인과 함께 반드시 수행해야 하는 의무가 아니라 선택의 시각에서 바라보고 있는데, 무자녀가족은 그 형성 동기에 따라 크게 두 가지 유형으로 구분된다. 우선 자발적 무자녀가족(voluntary childless family)은 부부의 합의에 의해 자녀를 갖지 않기로 결정하고 자녀 없이 부부로만 구성한 가족이다. 반면에 비자발적 무자녀가족(involuntary childless family)은 신체적 혹은 생리적 이유로 배우자와 동거하면서 피임을 하지 않고 정상적인 부부관계를 가진 상태에서 12개월 이내에 임신이 되지 않거나 생존아를 출산할 수 있는 임신을 지속할 수 없는 상태의 부부가족이다.

인구주택 총 조사에서 나타난 부부 1세대로만 구성된 부부가구는, 1970년의 5.4%에서, 1980년 6.4%, 1990년 9.3%, 2000년에는 14.8%를 보이며 계속 증가하고 있고, 그 증가율도 높아지고 있다.

최근 한국 보건 사회 연구원(2019)이 전국 15~49세 사이의 기혼여성 1,009명을 대상으로 자녀에 대한 태도를 조사한 바에 따르면, 응답자 중 자녀가 "꼭 있어야 한다"는 대답은 49.9%를 차지한 반면, 자녀가 "없어도 무관하다"는 대답은 16.9%를 차지하였다. 이는 우리 사회도 앞으로 젊은 세대를 중심으로 자발적 무자녀 가족이 증가할 가능성이 더욱 높아질 수 있다는 예측을 할 수 있게 한다. 그 원인으로는 자녀양육에 대한 경제적 비용의 부담, 스트레스의 심화를 인식, 혈연중심의 세대 결속에 대한 회의, 가족주의와 구별되는 개인주의의 확산, 다양한 삶의 방식 등에서 기인하는 것으로 볼 수 있다.

3. 맞벌이 가구

맞벌이 가구란 결혼한 부부가 동시에 모두 직업을 가지면서 구조적으로 핵가족 내지 확대가족으로 형성된 가족형태를 의미한다. 즉, 기혼 부부 모두 경제활동에 참여하면서 가정생활과 직장생활을 병행해 가는 가정을 의미한다. 맞벌이 가족은 부부가 모두 직업을 가진 경우를 말하는 것으로 여성의 취업 동기에 따라 생계 유지형 맞벌이 가족, 내조형 맞벌이 가족, 자아 실현형 맞벌이 가족, 여가활용형 맞벌이 가족으로 구분하고 있다(문혁준 외, 2020).

이들 각 유형별 맞벌이 가족을 살펴보면, 생계 유지형 맞벌이 가족은 가족의 경제적 필요에 의하여 기혼여성이 비자발적으로 취업하는 형태이며, 내조형 맞벌이 가족은 생계의 위협을 받는 것이 아니나 가족의 보다 나은 경제적 여유를 위하여 취업을 하는 경우와 남편의 학업이나 출세를 위하여 여성이 생계를 전적으로 담당하는 형태로써 취업은 하였지만 여성의 성 역할 태도는 매우 보수적이며, 남편의 종속된 위치를 수용하는 형태라고 할 수 있다.

과거 남성생계 부양자 모델이 일반적이었던 전통사회에서 부부관계는 부계중심의 대가족 체계로 남편과 아내가 수직적 관계였다면, 현대의 가족은 부부중심의 핵가족 체계로 수평적 관계를 바탕으로 하고 있다.

맞벌이 가족은 구조적인 측면에서 기존의 확대가족 또는 핵가족의 형태를 취하나 부부가 함께 경제활동을 한다는 면에서, 기능적인 측면이나 가족관계 측면에서 새로운 가족 형태로 간주할 수 있다.

맞벌이 부부는 외면적인 부부간의 역할 변화만이 아니고 부부 각자의 태도나 관계의 변화까지 가져온다는 점에서 새로운 부부유형이라고 할수 있다. 그러나 부인이 전통적이 역할에 추가하여 경제활동까지 참여하는 역할확대 현상을 보이는 데 비해 남편의 가정 내 역할의 보충이나 변화는 서서히 나타남으로써, 남편과 부인의 현실적 상황과 기대 간에 지체현상을 보인다고 한다. 40세~50세 사이의 중년 여성들의 맞벌이 비율은 50%를 넘는다. 그러나 맞벌이 여성의 교육 수준이 초등학교 이하가 많음을 볼 때 여성들의 맞벌이 수단은 단순노동이 많음을 알 수 있다.

맞벌이 유형을 더욱 구체적으로 나누어 설명하면, 맞벌이 가족은 여성 취업 동기에 따라 생계유지형, 내조형, 자아실현형, 여가활동형으로 분류할 수 있다(정옥분 외, 2006). 생계유지형은 경제적 필요성에 의해 취업을 하는 형태로 일반적으로 학력이 낮고 남편이 무직이거나 사별, 혹은 이혼한 가정에서 보편적으로 많이 나타나는 유형이다. 내조형은 생계의 위협은 없지만 보다 경제적인 여유를 추구하거나 남편의 학업이나 출세를 뒷바라지 하기 위해서 취업을 하는 형태이다. 자아실현형 맞벌이 가족은 중산층 이상 고학력의 여성들이 취업을 통하여 자아를 실현시키고, 현대적인 성 역할 태도에 입각하여 평등한 부부관계를 정립하려는 형태이다. 여가활용형 맞벌이가족은 주로 중산층 중심으로 나타나는 유형으로 경제적 이유, 내조 또는 자아실현 등을 크게 의식하지 않고 자신의 취미를 살리고 여가를 활용하기 위해 직업을 갖고자 하는 형태이다(이성희 외, 2019).

둘째, 일 · 가정양립의 어려움이다. 우리나라 취업자의 주당 평균 근로시간은 43.6시간으로 이는 2016년 OECD국가 중 두 번째로 높은 순위이다. 일 중심적인 생활은 가정에서의 시간을 줄이고 가족구성원 간의 상호작용의 기회 또한 줄어들게 한다. 이러한 가족기능의 부재는 가족구성원 간 갈등을 유발하고, 가족위기, 가족해체 등의 여러 가지 가족문제를 발생시키는 요인으로 사회전체적으로도 부정적인 영향을 미친다.

4. 한부모 가구

현대사회의 가족은 부부간의 성격 차이나 배우자의 부정, 가정폭력 및 가족기능 수행에 대한 불만족 등의 다양한 문제를 무조건적인 인내로 감수하는 것만이 바람직한 것은 아니라는 암묵적 지지를 하고 있다. 한편 이들 문제에 대하여 적극적으로 대처할 수 있는 사회적 분위기를 조성하였고 그 결과 이혼이나 별거를 경험한 해체가족이 증가하고 있다.

보통 한부모 가족이라고 하면, 이혼이나 사별로 인해 한 명의 부 또는 모가 자녀와 함께 생활하는 가족을 말한다. 이러한 가족을 둘러싼 외부환경의 급속한 변화는 가족에 대한 가치관을 변화시켰을 뿐만 아니라 가족고유의 기능을 수행하고 가족관계를 유지 · 발전시켜 가는 형태에도 직 · 접적 영향을 주었다.

한부모와 관련된 법의 연혁을 살펴보면, 이들에 대한 사회적 관점의 변화를 추정할 수 있는데 1989년에 제정된 「모자복지법」이 시작이었음을 알 수 있으며, 이 시기에는 여성을 경제적 약자로 가정하여 한부모의 세대주가 여성인 경우를 지원하는 데 초점을 두었다.

여기서 모자가족이나 부자가족이라 함은 모 혹은 부가 세대주이지만 세대주가 아니더라도 세대원을 사실상 부양하는 자가 모(母)이거나 부(父)인 경우도 모자가족이나 부자가족으로 간주한다. 이와 같이 「한부모가족지원법」에 의거한 우리나라 한부모 가족은 가족구성상 부모 한쪽으로만 구성된 가족뿐 아니라 부모가 모두 있으나 가족 기능상 한쪽이 단독으로 부모의 역할을 수행하는 경우를 모두 포함한 개념으로 사용하고 있다.

한부모 가족은 다양한 이유로 형성되지만, 이혼이 주요 원인이라는 점을 간과할 수 없다. 부부의 삶에서 결혼 안정성보다 결혼 만족도가 중요해지고 이혼에 대한 허용적 태도가 확산되면서 이혼을 통한 한부모 가족도 증가하는 것이다.

통계청(2019) 조사에 의하면 한부모 가구는 1,539천 가구로 전년 대비 6천 가구(0.4%) 증가하였으며, 미혼자녀의 연령이 18세 이하인 한부모 가구는 408천 가구, 19세 이상인 가구는 1,131천 가구로 나타났다. 세대구성별로는 「모+미혼자녀」가구가 963천 가구로 전년대비 1.1% 증가하였고 「부+미혼자녀」가구는 283천 가구로 전년대비 0.7% 증가한 것으로 보인다.

이러한 한부모 가족의 특성은 한부모 가족이 된 직접적인 원인(이혼, 별거, 사별,

미혼모, 미혼부)과 그 가족이 처한 상황(경제적 수준, 가사와 육아의 조력자 유무, 부모의 취업여부, 가족의 크기, 지지체계)에 따라 다르게 나타난다. 이 같은 특성을 가진 한부모 가족의 가장 큰 어려움은 경제적 문제가 아닐까 한다. 실제 2015년 한부모가족 실태조사에 따르면 한부모 가정의 87.4%가 근로활동 중으로 경제활동인구 전체 고용률이나 한부모가 되기 1년 전 고용률(56.3%)에 비해 높은 것으로 나타났다. 이들의 직업분포도에서도 서비스종사자(32.2%)가 가장 많았고 특히 모자가정의 경우가 더 높은 것으로 나타났다. 이들의 근무시간을 살펴본 바, 취업한 한부모의 48.2%가 10시간 이상 근무하며 주 5일제 근무를 하는 한부모는 29.8%에 불과했다(여성가족부, 2015). 또 다른 측면에서는 정서적 어려움이 아닐까 한다. 한쪽 배우자의 상실은 자녀양육방식을 지지하고 의논해 줄 대상의 상실, 가사와 육아 이외의 생계를 직접 담당하게 됨으로써 상당한 압박과 긴장상태에 빠져 심리적으로나 정서적으로 어려움에 처할 것이다. 자신을 둘러싼 환경을 통제할 수 없다는 무력감과 세상에 대한 자신감 결여, 절망감, 사회에 대한 거부감, 부양자로서 자신의 역할에 대한 부정적인 평가, 우울과 불안, 소외감에 빠져들 수 있다(조흥식 외, 2010).

5. 재혼 가족

이혼의 증가와 비례하여 재혼도 증가하고 있는 현대사회에서, 재혼은 또 다른 가족 형태로 수용되고 있다. 가족이라는 집단을 유지하기 위해 개인의 희생을 요구하던 전통적인 가족주의는 점차 희석되어 가고 있다.

재혼 가족 개념은 한 명 이상이 초혼이 아닌 성인남녀의 재결합을 의미한다. 즉, 부부 한 사람, 혹은 두 사람이 이전에 결혼을 했다가 이혼, 혹은 사별을 겪고 난 뒤 결혼을 통해 새롭게 형성된 가족이다. 이와 동의어로 의붓 가족 및 계부모가족(step-parent family)이라는 용어가 사용되고 있다.

1) 재혼의 동기

재혼의 동기는 경제적인 문제와 자녀양육의 문제, 외로움 해소, 사회적 압력 등 현실적인 이유에 의해 결정된다. 이때 재혼의 동기는 이전 결혼의 실패에 대한 과도한 보상심리, 경제적 문제와 자녀양육 부담의 분담, 외로움에서 상대방이 나를 구원해 줄 것이라는 희망 등 현실적으로 불가능한 기대를 가지는 것으로 나타났다(Ganong & Coleman, 2003). 이러한 재혼에 대한 기대감은 이전 혼인의 관계에서의 해소의 경험과 남녀 간 성별의 차이에 따라 달라진다.

여성은 이혼이나 사별 후 혼자 남겨졌을 때 생계와 부양의 책임을 통해 다양한 역할을 수행한다. 재혼을 위한 경제적 동기는 남성들보다 여성들이 더 크다. 자녀가 있으면서 재혼을 하는 많은 여성들은 초혼일 때보다 더 강력하고 명확한 직업적 목표와 계획을 가진다. 그들은 이혼을 잘 극복하고 새로운 결혼에서 성공하기 위해 더 헌신하거나 결혼생활이 필요로 하는 것에 대해 초혼과 비교하여 더 분명한 생각을 가지고 있다.

재혼 가족을 자녀의 입장에서 본 계부모가족(step-parent family)은 최소한 한쪽의 배우자가 과거에 결혼한 경험이 있고 한 명 이상의 자녀를 가진 가족을 의미한다. 이는 아동의 입장에서 생부모가 아닌 부모와 아동으로 이루어진 가족형태를 표현한 것으로 실제로 재혼은 이혼자의 재혼이 많고 유자녀 이혼이 압도적인 현실을 고려할 때 재혼가족 대부분은 의붓가족이다. 또한, 재혼 가족이란 부부 중 한 사람 혹은 둘 모두가 결혼한 경력이 있고, 그로 인한 이혼이나 사별을 경험한 사람이 결혼을 통해 가족을 형성한 것을 의미하기도 한다.

재혼 가족은 전통적인 가족생활주기의 분열이면서 새로운 주기의 시작으로 재혼 전에 가졌던 가족생활주기의 형태가 일부 유지되면서 새로운 가족생활주기가 시작된다. 재혼 가족의 구성원은 부모의 죽음이나 별거와 같은 중요한 상실경험을 가지고 있는데, 서로 다른 경험, 전통, 가치, 기대를 지닌 사람이 어느 시점에 한 가족을 이루게 되므로 어려움이 있을 것으로 예상된다.

재혼 가족은 배우자의 혼인 여부에 따라 3가지 유형으로 나뉠 수 있는데, 재혼남성+초혼여성, 초혼남성+재혼여성, 재혼남성+재혼여성으로 구체화된다. 통계청(2019)이 발표한 '2018년 혼인 · 이혼 통계'에 따르면, 2018년에 발생한 전체 결혼 중 초혼남성+초혼여성의 비율이 77.6%에 머문다. 초혼 및 재혼이 발생하는 연령을 살펴봐도 우리사회의 변화하는 결혼양상을 파악할 수 있다.

통계청(2019)에 따르면 초혼의 만혼화가 뚜렷해지면서 재혼의 평균 연령도 남녀 모두에게 증가하는 것으로 나타났다. 2018년을 기준으로 평균 재혼 연령은 남자가 48.9세, 여자는 44.6세로 노후의 부부관계가 갖는 중요성이 부각되면서 중년기의 재혼은 앞으로 증가할 가능성이 크다.

2) 성 · 연령별 재혼

남자 재혼의 연령별 구성비는, 1982년에는 30대가 42.7%로 가장 높은 비중이었으나 2012년은 40대가 36.2%로 가장 높은 비중을 차지한 것으로 보인다. 이는 남자 재혼의 주된 연령대가 30대에서 40대로 이동했음을 보여 주고 있다. 다시 말해, 남자 평균 재혼 연령은 1982년 38.9세에서 2012년에 46.6세로 지난 30년간 7.7세 증가한 것으로 보인다.

2018년 남자의 평균 재혼 연령은 48.91세 이며 2019년 평균 재혼 연령은 49.63세로 전년대비 0.72세 증가한 것으로 나타났다.

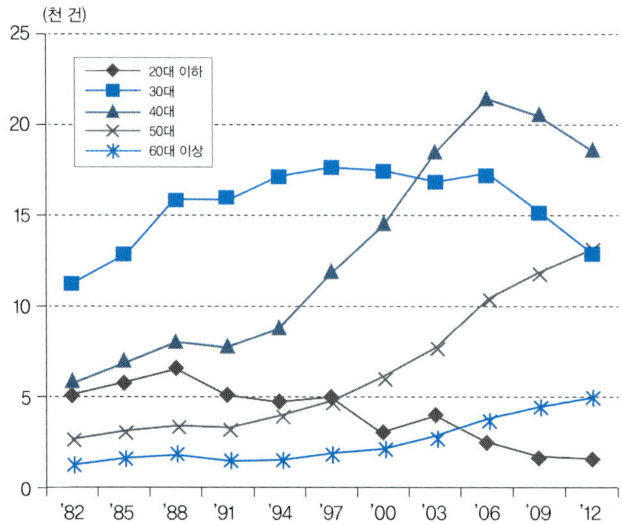

[그림 3-1] 남자 연령대별 재혼 건수

여자 재혼 연령별 구성비는, 1982년에는 20대가 40.2%로 가장 높은 비중이었으나 2012년은 30대가 35.7%로 가장 높은 비중을 차지하고 있다. 여자 재혼의 주된 연령대가 20대에서 30대로 이동했음을 보여 주고 있다. 다시 말해, 여자 평균 재혼 연령은 1982년 33.7세에서 2012년에 42.3세로 지난 30년간 8.6세 증가한 것으로 보인다.

2018년 여자의 평균 재혼 연령은 44.61세이며 2019년은 45.15세로 전년대비 0.54세 증가한 것으로 나타났다.

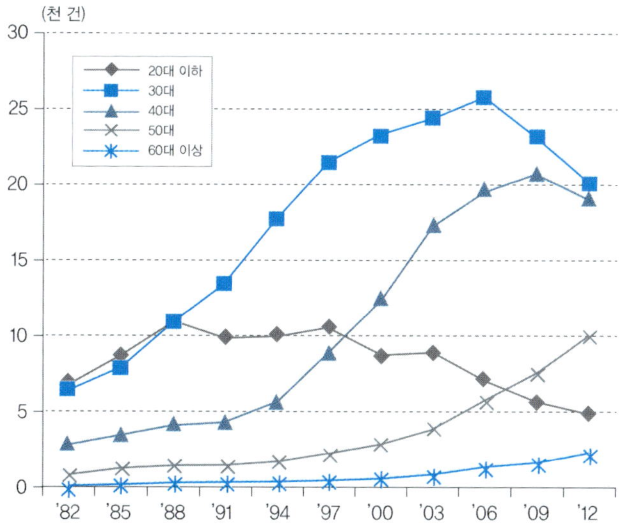

[그림 3-2] 여자 연령대별 재혼 건수

3) 연령차이별 재혼

1982년 전체 재혼 중 남자 6세 이상 연상 부부의 구성비가 52.6%로 가장 높았고, 2012년에는 동갑 및 연령차 5세 이하 부부가 64.7%로 가장 높은 비중을 차지하고 있다. 또한, 동갑 및 연령차 5세 이하 부부의 재혼 구성비는 1982년 45.3%에서 2012년에는 64.7%로 증가하여 가장 높은 비중을 차지하고 있다. 다시 말하면, 남자 6세 이상 연상 부부의 재혼 구성비는 1982년 52.6%에서 2012년 30.7%로 감소하였고, 여자 6세 이상 연상 부부의 재혼 구성비는 1982년 2.2%에서 2012년 4.6%로 증가한 것으로 보인다.

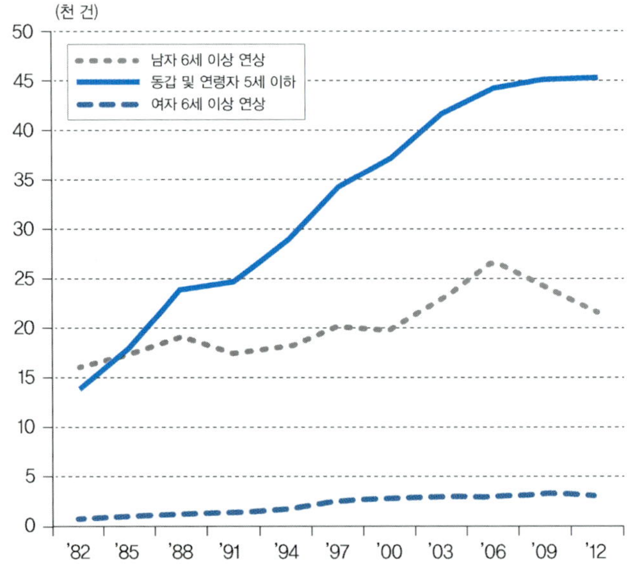

[그림 3-3] 연령차이별 재혼 건수

4) 배우자 혼인종류별 재혼

전체 재혼 중 '남자 초혼과 여자 재혼' 부부의 구성비가 1982년 15.1%에서 2012년 26.9%로 증가하여 가장 높은 비중을 차지하고 있으며, 30년간 11.8%p 증가한 것으로 보인다. 이는 1995년 이후부터, '남자 초혼과 여자 재혼'의 재혼 건수가 '남자 재혼과 여자 초혼'의 재혼 건수를 추월했음을 보여 준다. 이에 반해 '남자 재혼과 여자 초혼'의 구성비는 1982년 44.6%에서 2012년 19.2%로 감소한 추세로 나타났다.

6. 다문화 가구

다문화 가구의 개념은 국적을 달리하는 남녀가 결혼으로 가정을 형성하는 또는 한국인이 외국인과 결혼하여 형성한 가족을 의미하기도 한다. 다문화 가족의 사전적 의미는 "국적과 문화가 다른 남녀로 이루어진 가족"을 말해서 한국인과 결혼한 결혼이민자뿐만 아니라 서로 다른 민족 또는 다른 문화적 배경을 가진 사람이 포함된 가정을 총칭한다.

한국사회에서 국제결혼은 언어, 종교와 관습이 다른 남녀 간의 결합으로 우리 사회에서 오랜 기간 동안 환영받지 못했다. 최근에 오면서 국제결혼에 대한 거부감이나 부정적인 정서가 사라지면서 국제결혼이 증가하는 경향을 보이는데, 이는 시대적 배경을 반영하고 있다.

경제적 발전을 포함한 한국의 국제적 지위 향상, 인터넷 통신의 발전, 외국과의 빈번한 교류 왕래, 농촌 총각의 결혼문제 등과 관련이 깊다. 국제결혼의 동기는 과거에는 외국인에 대한 호기심, 경제적 안정 및 정서적 안정, 위기탈출 및 종교적 차원의 사랑인 경우도 있었으나, 점차 순수성이 상실되면서 국적취득이나 취업, 현실탈출로써 동기가 변화되고 있다.

다문화 가족의 증가는 세계적인 현상이지만 한국의 경우 타 국가들과 다른 양상을 보인다. 1차적으로는 1960년대 이후부터 정부가 꾸준히 추진해 온 출산억제 가족정책과 남아선호 사상이 연계되어 나타난 인구구조의 심각한 성비불균형으로 결혼시장이 교란되었기 때문이다. 그러나 이러한 혼인시장의 혼란에 덧붙여 상대적으로 도시보다 낙후된 농촌지역의 경제적 상황이 반영된 결과이기도 하다.

최근 국제결혼의 양상은 한국인 하층 남성과 외국인 여성 사이의 결혼이 폭발적으로 증가하여 국제결혼의 여성화 현상이 두드러지고 있으며, 몽골, 러시아, 필리핀, 베트남, 인도네시아를 포함한 동남아시아 출신 여성과의 결혼도 눈에 띠게 증가하는 경향을 보인다.

통계청 자료에 의하면(조사에 응답한 경우) 귀화자가 있는 가구 또는 외국인이 한국인(귀화자 포함) 배우자와의 혼인으로 이루어진 가구 또는 그 자녀가 포함된 가구의 다문화가구는 335천 가구로 2017년(319천 가구)에 비해 16천 가구(5.0%) 증가했으며 내국인(출생)+외국인(결혼이민자)가구는 120천 가구이며 가구원은 393천 명으로 가장 많고, 내국인(출생)+내국인(귀화)가구는 77천 가구, 가구원은 285천 명순으로 나타났다. 전년대비 내국인(출생)+다문화자녀 가구는 5천 가구(19.2%) 증가한 것으로 보인다.

국적별로 다문화 대상자는 한국계 중국이 119,222명(34.9%), 베트남 71,789명(21.0%), 중국 67,837명(19.9%) 순으로 많았으며 2017년에 비해 다문화 대상자 증가가 큰 국적은 한국계 중국 5,684명, 베트남 2,258명, 중국 980명순으로 증가율은 태국 18.9%, 카자흐스탄 13.7% 순으로 나타났다.

결혼이민자들은 기본적으로 언어문제 및 상이한 문화로 인한 어려움을 겪는다. 언어소통의 문제는 생활 전반에서 오는 문화적 차이를 극복할 수 있는 통로를 원천적으로 차단하므로 일상생활의 불편함은 물론 대인관계의 곤란을 초래한다. 이는 또한 부부간의 친밀함을 구축하고, 서로를 이해하며, 정서적 관계를 형성하는 데 어려움을 가져오며, 가족 간의 오해를 초래하여 가족관계를 발전시키는 데 장애요인이 된다.

결혼이주여성의 결혼 동기는 무엇일까? 경제적으로 윤택하게 살 것 같아서? 친정을 돕기 위해서? 경제적 문제는 한국의 부부관계에서도 소득관리의 주체가 누가 되느냐와 관련하여 가족관계의 문제와 관련되어 발생하기도 한다. 결혼이주여성의 입국 초기에는 언어문제 등으로 남편과 가족에게 의존하던 여성이지만, 결혼기간의 경과에도 모든 경제권을 시어머니나 남편이 주관하면 불만이 생길 수밖에 없다. 여기에 경제권에 대한 문화적 차이, 본국의 가족을 돕는 문제로 인한 갈등 등이 결합되면 경제권으로 인한 문제가 증폭될 수도 있다.

또 다른 문제로 갈등 문제를 들 수 있는데, 특히 경제 문제와 남편과의 생활습관 차이, 친인척 관계 문제, 여가문제 등에서 갈등이 일어날 수 있다. 가사를 돕지 않는 문제에 대해서 갈등한다거나 관대한 남편역할을 기대했으나 실망하는 경우, 자신에게 무관심한 경우 심각한 남편과의 갈등을 유발할 수 있을 것이다.

7. 현대 가족 문제의 특성

한국은 전통적으로 유교 문화를 가지고 있으며, 80년대 이전 기성세대들은 대부분 유교 문화에서 가정교육을 받고 자랐고, 전통적인 가족주의 원리가 모든 사회 질서의 기본이었던 문화에서 부모에게 효를 다하는 것을 지상 최대의 가치로 여기도록 교육을 받았다.

근대사회에서 일본의 식민지하에서 성장기를 보낸 세대들은 수난과 설움을 경험하였고, 이후 한국 전쟁을 거치면서 사회혼란기 속에서 성장한 근대의 세대들은 환경 또는 가난 때문에 진학의 기회를 놓친 경우가 많았고 교육과 학벌에 대한 인식과 한을 품게 되었다.

이 때문이었을까? 현재 한국의 기성세대들은 올바른 인성교육보다는 계층의 이동수단으로의 교육을 중요시하며 성장한 것은 아닌가 하는 생각이 든다. 그것은 곧 자녀세대에게는 자신들의 무지와 가난을 물려주지 않기 위해 자녀에게 교육적 성공을 기대하게 된 것은 아닌가 하는 생각이 들기 때문이다.

계층의 상향 이동수단으로서 교육의 중요성을 깨달은 이들 세대는 1960년대에 성공과 출세의 가장 빠른 방법으로 교육을 선택하게 되었고, 당시 교육으로 인한 계층의 상승은 가정의 최대의 희망이었으므로 공부를 잘하는 자식이 효도를 잘하는 것으로 인식하게 되었을 것이고 그 결과 이 세대들의 엄청난 교육열은 기존의 가정 내 참된 인성교육과 연결되지 못하는 결과를 낳지 않았는가 생각한다.

본 저자도 1960년대에 태어난 세대이지만 1970년대의 경제성장으로 인하여 1950년대 이후 태어난 세대가 부모 세대의 가난을 극복하고 고학력 인구가 급격히 증가하게 되면서 실제로 많은 사람들이 교육의 혜택을 받게 되었다. 그러나 한국에서 존재하는 유교식 가치관, 즉 부모 세대가 배우고 자라 온 유교적 개념이 때로는 19050년대 이후 태어난 자식 간에, 개인과 사회 간에, 남자와 여자 사이의 도덕적 상식에 대한 혼란을 가져오는 요인이 되기도 하였다. 이와 같이, 자녀, 부모, 조부모가 살아온 시대와 교육의 가치가 달라짐에 따라 한국의 가정은 자녀 교육의 문제에 있어서 많은 갈등과 문제를 보이고 있다.

1) 한국의 가족 문제 특성과 대처방식

현대 가족은 전통 가족과는 달리 가족형태가 다양화되고 핵가족화와 개인주의, 평등주의 가치관의 영향으로 유교적 가족윤리와 가부장적 문화는 급속히 퇴색되고 있다. 그리고 가부장적 가족윤리에서 벗어나 개인주의, 평등주의적 가족윤리를 지향하고 있으나 아직도 과도기적이어서 가족 가치관이 혼재하고 있는 상태이다. 이상에서 언급한 내용을 토대로 우리나라 가족 문제 특성과 대처방식을 다음과 같이 요약하고자 한다

(최규련, 1995).

(1) 준비되지 않은 부부와 부모에서 가족 문제가 비롯되는 문제

사람들이 경험하는 가장 중요하고 친밀한 관계는 부모－자녀 관계이다. 오늘날 가족과 사회에서 발생하고 있는 심각한 사건들은 부모로서 유능하게 행동하도록 준비시키는 것이 필요함을 말해 준다. 특히 급증하고 있는 부부갈등, 부부외도로 인한 이혼, 가족해체의 문제, 다양한 자녀문제가 가족을 둘러싼 환경적인 원인도 있지만 대부분의 원인은 부부와 부모로서 준비되지 않은 것에서 비롯된다고 볼 수 있다.

(2) 부모 자녀 간에 세대 전수되는 건강하지 못한 관계가 가족 문제의 원인

한국 사회에서는 전통적으로 부모는 자녀를 부모의 한을 풀어 주는 수단적 · 종속적 존재로 여긴다. 맹목적으로 자녀를 보호하고 간섭하고 자녀를 위해 희생하며 훌륭한 교육을 받게 하는 데 열성적이며, 동시에 부모 위주로 자녀의 장래를 계획하고 자녀의 결혼과 결혼생활에 관여하며 부모에게 순종하고 효도하기를 바란다.

자녀는 부모에게서 정서적으로 독립되지 못하고 성인이 되어서도 부모의 희생과 간섭을 당연시하며 지원을 기대하는 경향이 있다. 그 결과, 부모와 자녀 관계에서 호혜적 교환이 이루어진 경우는 원만한 관계를 이루나 그렇지 않은 경우는 갈등이 발생하게 된다.

노부모－성인 자녀 관계에서도 상호 간에 기대수준의 차이로 노부모는 자녀들의 공경과 부양에 불만과 소외감을 가지며 자녀는 부모의 과도한 의존과 통제 간섭으로 부담을 느낀다. 그 결과 부모 자녀 간의 갈등, 형제자매 간의 갈등이 발생하며 극단적으로는 노부모의 빈곤과 우울 문제 노인에 대한 유기, 학대문제, 형제 간 다툼, 관계의 단절 등이 발생하는 경우가 적지 않다. 한편, 교육 수준과 의식이 높아진 데 비해 일자리가 부족하여 사회 참여가 좌절된 여성들과 결혼 생활에서 갈등을 겪는 여성들의 경우 자녀에게 과도하게 집착하여 자녀를 지배하려 하고 왜곡된 모자 관계를 형성함으로써 자녀의 신경증 문제와 고부갈등 문제, 사위와의 갈등문제를 초래하는 경우가 많다.

(3) 가족원 간 의사소통 방법의 특성이 가족갈등과 문제 악화 요인

전통적으로 가족 내 의사결정 방법은 위계 구조에 의해 권위자가 일방적으로 결정하고 아랫사람은 순종하는 형태였다. 또한, 엄격한 유교의 영향으로 부부 사이에, 부모자녀 사이에 감정 표현이나 애정표현은 억제되었기 때문에 감정을 표현하지 않고 지내거나 은근히 간접적으로 표현하는 방법을 사용하였다.

현대 사회에서도 아내나 자녀, 아랫사람이 자신의 의견을 솔직하고 분명하게 말하는 것이 상대의 권위에 도전하는 것으로 해석하는 경우가 많고, 또한 남성, 부모, 윗사람들은 경청하지 않는 경우가 많아서 가족 간의 상호 이해와 친밀한 관계 유지에 장애물로 작용하고 갈등의 원인이 되고 있다. 실제로 대화를 할 수 있는 태도와 준비가 되어 있지 않은 경우가 많다.

(4) 가족 문제에 대한 인식과 대처방법에서 가족주의 문화가 반영

가족 문제에 대한 인식과 대처방법에서 가족주의 문화가 반영되는 것으로 전통사회에서 가족주의라는 집단주의가 지배하였기 때문에 인간관계는 체면과 격식이 중요시되고 개인의 모든 행동은 소속된 가족이나 집안의 품격과 분위기를 반영하는 것으로 인식되었다.

개인의 행복과 발전, 자아실현에 비중을 두기보다는 가문의 체면에 가치 기준을 두었다. 또한, 집안의 조화와 화목을 주요 덕목으로 여겼기 때문에 갈등이나, 흉, 근심, 걱정거리를 집 밖에 노출하는 것을 수치스럽게 여겼다. 그 영향으로 부부갈등이나 자녀 문제, 고부갈등 등의 가족 문제가 발생한 초기에 전문가의 도움을 요청하는 경우는 극히 적고 숙명적으로 받아들이고 참고 견디려는 경향이 있다. 문제가 만성화되고 심각해져서 모든 방법을 사용한 뒤에야 도움을 요청하는 일이 적지 않다. 이러한 문제의식과 대처방법에 대해서 남성들은 집안 문제가 발생하면 가장이 무능하여 집안을 잘 다스리지 못했기 때문이라고 생각해 외부에 도움을 요청하는 것을 수치스럽게 여기며, 내향적인 남성들의 경우엔 슬픔과 긴장, 두려움과 불안, 분노 등의 부정적 감정들을 음주나 흡연으로 해소하거나 회피하고 참거나 때로는 폭발적으로 분노를 표현하기도 한다. 여성들도 갈등이나 문제를 직접 해결하기보다 참고, 억누르고 가까운 사람에게 푸념하는 방법으로 해소해 왔다.

(5) 다양한 가족의 급증으로 인한 사회적 이해와 지원이 요구

한부모, 재혼, 이혼, 노인 단독가구, 조손 가족, 분거 가족, 결혼이민자 가족, 역할전환 부부 등이 증가함에 따라 기존의 정상 가족 기준으로 가족을 평가할 수 없게 되었다. 다양한 가족에 개입하는 상담자는 그 가족원의 역할과 기능에 대해 개방적 태도와 관점을 갖고 그들의 문화적 배경과 삶의 방식을 이해하고 존중하는 것이 중요하다. 또한, 상담자는 다양한 가족의 필요와 애로사항에 민감한 관심을 갖고 효과적 지원방법을 탐색해야 할 것이다.

다함께 생각해 보기

1. 한국의 다양한 가족에 대해 조사해 봅시다.
   1) 독신 가구
   2) 무자녀 가구
   3) 맞벌이 가족
   4) 한부모 가족
   5) 재혼 가족
   6) 다문화 가족

CHAPTER 04

배우자 선택의 범위 및 유형

Chapter 04

배우자 선택의 범위 및 유형

결혼을 하기 위해서는 반드시 필요한 것이 있는데 그것은 바로 사랑하는 사람, 나의 배우자일 것이다. 수많은 사람들이 결혼을 통하여 부부의 인연을 맺게 되는데, 결혼하기까지 이 사람을 나의 배우자로서 확신을 갖기까지 그들은 얼마나 많은 생각들을 하면서 공감하였을까?

대부분의 사회는 누구와 결혼할 것인가 또는 어떻게 배우자를 선택할 것인가와 같은 배우자 선택에 관한 규범을 갖고 있는데, 이러한 규범은 사회, 문화, 계층 등에 따라 다르게 나타난다(Eshleman & Bukcroft, 2010).

오늘날에도 결혼은 종교, 계층, 교육수준 등에서 자신과 비슷한 사람을 배우자로 선택하는 동류혼(homogamy)이 지배적이며, 근친혼 금지와 같이 자신이 속한 가족구성원 밖에서 배우자를 찾도록 하는 외혼제(exogamy) 규범을 가지고 있다. 그리고 배우자를 선택하는 선택유형은 결혼 당사자보다 가족이 선택권을 가지는, 특히 부모의 의사가 존중되는 중매혼과 개인의 자유의사를 바탕으로 결혼 당사자가 배우자 선택에 결정권을 가지는 자유혼, 중매혼과 자유혼의 중간형태인 절충혼의 3가지로 구분할 수 있다(유가효, 2007).

1절 배우자 선택이론

대부분의 사람들은 성장하여 일정한 연령에 도달하면 배우자를 맞이함으로써 자신이 출생한 가족(方位家族)을 떠나 자신의 가족(生殖家族)을 이루게 되는데, 이러한 인생의 중요한 전환점이 바로 결혼이며, 각 개인은 결혼으로 새로운 역할과 권리 및 의무를 부여받고 행복을 추구하며 다음 세대를 재생산하고 사회구성원을 사회화시킨다. 그러므로 결혼은 개인적으로뿐만 아니라 사회적으로도 중요한 의미를 갖는다고 볼 수 있다. 한편, 결혼의 일차적인 목적이 가계계승에 있었던 전통사회와 달리, 당사자 사이의 애정과 행복을 목적으로 하는 현대사회에서는, 배우자 선택이 본인들의 권리이자 의무가 되었다. 따라서 배우자 선택에 대한 관심 또한 증대되었다.

배우자가 선택되는 방식에 있어서 혼인을 중매결혼과 연애결혼의 두 가지로 크게 나눌 수가 있다. 중매결혼은 배우자의 선택과정에서 제3자인 중매인을 통해서 신랑, 신부 양 후보자 측의 의견이 조정된다는 점에서 붙여진 용어이지만, 실은 당사자의 의견이 아니라 양측 부모의 의사에 의하여 배우자 선택이 좌우되는 것을 뜻하고 있다. 연애결혼은 혼인 당사자의 자유로운 의사결정에 의하여 배우자 선택이 이루어진다는 점에서 자유결혼이라고 부르기도 한다.

산업화와 도시화가 이루어진 사회에서는 자유교제를 통해서 배우자를 선택하는 제도가 정착되어 있다. 자유교제를 통한 배우자 선택이 제도화되어 있는 사회에서 배우자 선택에 영향을 미치는 요인은 무엇인가? 일반적인 배우자 선택이론에는 사회교환 이론, 공평성 이론, 동질성 이론, 보완욕구 이론, 여과망 이론, 자극 가치 역할 이론, 결혼 전 배우자관계형성 이론 등 다양한 배우자 선택이론이 있다. 사회교환 이론(Social Exchange Theory)을 설명하면, 인간이 근로한 이후에 받는 보수에는 금전, 재물, 서비스 등의 물질적인 것과 사랑, 승인, 정보 등의 심리적인 것이 있다. 이러한 것들의 주고받기의 일반적인 원리를 기술하는 것이다.

성공적인 결혼생활을 하는 부부는 서로에게 보상은 최대로, 비용은 최소화하는 노력을 성공적으로 기울이고 있지만 불만족한 결혼생활을 하는 부부는 결혼생활에 자신이 지불하는 비용에 비해 자신이 보상을 덜 받고 있다고 생각하고 자신을 보호하기 위해 상대에게 보상이 되는 노력을 할 여유가 없다. 결과적으로 가치가 적은 것만 배우자에게 주거나 부정적 강화와 벌을 줌으로써 비용을 최소화하려고 한다. 티보와 켈리(Thibaut & Kelley)는 행동교환을 반복하다 보면 상호싱의 규칙이 생기기 때문에 그 자극이 부정적이든 긍정적이든 상대방이 반응을 하도록 유도한다고 보았다. 사회 교환 이론은 행동주의 상담자들의 가족 상담과 부부상담 분야 외에도 경쟁, 협력, 원조, 동조, 리더십 등의 영역에서 중요한 연구를 만들어 내는 모태가 되었다.

1. 사회교환 이론

사회교환 이론은 배우자 선택에 적용될 수 있다. 친밀한 관계는 두 사람 간의 비용, 보상, 대안의 가능성 등을 바탕으로 발전되는데, 사람들은 가능한 한 비용보다 보상이 큰 관계를 원한다. 여기서 보상이란 개인이 관계에서부터 얻을 수 있는 기쁨, 이익, 만족감 등을 뜻하고, 비용은 관계를 유지하는 데 있어 요구되는 부정적 측면이 될 수 있다. 예를 들어, 서로 다른 먼 나라에 거주하는 두 남녀가 여행길에서 만나 사랑에 빠졌다고 가정하자. 여행 후 일상생활로 돌아온 두 사람은 관계로부터 얻는 이익과 두 사람이 만나고 연락을 주고받기 위해 드는 시간과 피로감 등의 비용을 비교해 관계 유지가 가치 있는 일인지 고민하게 될 것이다. 이때 관계를 유지하는 것으로부터 얻는 보상이 비용보다 크다고 판단되면 두 사람의 관계는 계속 유지될 것이다.

일반적으로 비용과 보상에 대한 평가는 사회마다 다른데 사회교환 이론에 따르면, 사람들은 사회적 계층, 신체적 매력, 직업, 교육수준 등이 유사한 사람을 배우자로 선택하는 동류혼의 경향이 있다. 유가효(2007)의 연구에 따르면, 우리나라의 젊은 세대는 결혼으로 인한 사회적 지위 확보나 경제적 안정을 취하고자 하는 태도를 보이고 있으며, 특히 결혼정보회사의 성장에 따른 맞춤결혼 방식은 계층적 동류혼의 경향을 더욱 강화하고 있다고 하였다.

또한, 결혼만족도와 결혼안정성에 관한 연구에 가장 많이 공헌한 이론이 사회교환 이론이다. 이러한 사회교환 이론의 시각으로 결혼만족도와 결혼안정성을 살펴본 연구는 네이피어(Napier, 1988) 등에 의해 이루어졌다. 모스와 슈웨벨(Moss & Schwebel)은 '결혼의 질과 결혼안정성의 사회교환 이론'을 구성하였는데, 이들은 비록 낮은 질의 결혼이 반드시 이혼으로 끝나지 않고, 높은 질의 결혼이 항상 안정적인 것은 아니지만,

이들의 모델은 결혼의 질이 결혼 안정성에 정적으로 영향을 미친다고 가정한다. 그리고 결혼의 질과 결혼안정성의 관계에 영향을 미치는 상황적인 변인(contingent variables)으로 결혼 이외의 대안적 매력과 결혼을 유지하게 하는 외부적 압력을 제시하고 있다. 대안적 매력은 결혼의 질과 결혼안정성 사이의 관계 강도에 부적으로 영향을 미치며, 외부적 압력은 결혼의 질과 결혼안정성 사이의 관계 강도에 정적으로 영향을 미친다고 설명하였다.

2. 공평성 이론

공평성 이론(Equity Theory)은 각 배우자가 결혼생활에서의 자신의 투여와 결과물의 비율을 상대방과 비교함으로써 결혼생활의 공평성을 평가하게 된다고 설명한다. 사람들은 자신의 이익을 최대화하고자 하지만, 남에게 손해를 끼치는 관계를 선호하지 않는다. 따라서 공평성 이론에서는 어느 한쪽에게 이익이나 손해가 되는 관계보다, 양쪽 모두의 공평한 관계를 원한다고 가정한다. 한 사람이 관계에서 자신만이 손해를 본다고 여긴다면, 그 사람은 관계가 공평하다고 생각할 때보다 그 관계를 떠날 가능성이 높을 것이다. 이때 공평성은 평등성과 다른 의미를 갖는다. 평등성은 개인의 투여나 노력의 정도와 무관하게 모든 구성원들이 결과물을 똑같이 나누어 갖는 것을 의미하는 반면에 공평성은 서로가 투여한 자원이나 노력에 따라 다른 보상을 받는 것을 공평하다고 평가한다. 그러므로 공평성은 관계에 대한 자신의 노력과 결과물을 뛰어넘는 보다 복합적인 고려를 통해 구성된다. 공평성 이론은 인간을 단순히 이기적인 존재로 판단하는 것이 아니라, 합리적이면서도 타인에 대한 배려를 할 줄 아는 존재로 정의하고 있기에 사적이고 친밀한 부부관계에서도 공평성 이론을 적용할 수 있다.

한국사회는 산업화 이전 공동체적인 가족중심사회에서 벗어나 소규모 가족이 등장하게 되면서 결혼생활에서 부부간의 '평등'이나 '공평성'의 문제가 제기되기 시작하였다. 특히, 1980년대에 이르러 여성 취업이 증가하고 여성의 권리에 대한 관심이 증가하게 되자 부부관계에서의 평등문제가 활발하게 다루어졌다. 진정한 사랑이나 서로에 대한 배려와 같은 사적인 관계들도 결국은 교환적인 측면에서 완전히 자유로울 수 없다는 점이 나타나게 된 것이다. 그렇다면 부부관계에서의 공평성 이론은 어떠한 특징을 가지는가? 첫 번째로, 공평성 이론은 심리적인 요소에 의해 형성된다. 그간 우리나라에서 부부관계의 공평성에 대해 제기된 문제는 맞벌이 부부의 가사노동 역할 분담에 관한 것이다. 여성이 가사노동을 전담했던 전업주부에서 벗어나 사회활동에 참여하는데도 불구하고 여전히 가사노동을 전담하는 것은 공평하지 않다는 것이다.

두 번째로, 공평성은 단순히 심리적인 요인에 의한 것만이 아니라 사회적, 문화적인 맥락에 의해서 영향을 받을 수도 있다. 예를 들어, 산업화 이후 급격히 증가한 여성의 사회활동으로 인하여 한국 사회에 오랫동안 고착되어 있던 남존여비의 사상에서 벗어나 부부관계의 공평성을 강조하게 된 것처럼, 공평성 이론은 사회문화적 요인의 영향을 크게 받는다. 세 번째로, 공평성은 어느 정도의 계산적인 과정이 필요하다. 공평성 이론에서 이야기하는 공평성은 자신이 투여한 것에 대한 결과물과 상대방이 투여한 것에 대한 결과물을 비교한다. 이 과정에서 결과물의 차이가 클 때 사람들은 자신이 처해 있는 상황 혹은 관계를 불공평하다고 인지하게 되는 것이다. 일반적으로 결혼생활은 자원의 배분과 같은 교환적 요소를 배제한다고 생각하였다. 그러나 이는 이상적인 결혼생활의 겉모습에 불과하다. 현실적인 결혼생활에서 자원의 분배를 신경 쓰지 않는다면, 가족 내의 기여도에 따라 알맞은 보상을 받지 못하기에 이는 불평등 혹은 누군가의 희생으로 이어질 수 있다. 그렇다면 부부관계에서 어떻게 공평성을 맞추어

갈 수 있는가? 그 방법은, 첫 번째, 완벽하게 역할을 정량적으로 나누는 것이 아니라, 서로의 상황에 맞게 역할을 분배한다. 일하는 시간, 가사노동의 양, 각자의 수입을 계산적으로 평등하게 나누는 것이 아니라 공평하게 나누는 것이다. 예를 들어, 맞벌이 부부이나 남성에 비해 여성이 버는 수입의 양이 더 많다면, 퇴근 후 가사노동은 여성보다 남성이 조금 더 참여하는 것이다. 이 상황을 완벽하게 비율로 따지면 남성이 여성보다 가사노동을 많이 참여하는 것처럼 보이지만 여성이 직장에서 더 많은 일을 하기에 결과적으로 이 상황은 공평하다고 볼 수 있다. 두 번째, 시댁/친정관계에서의 공평성도 인지할 필요가 있다. 여성의 취업 비율이 높아지면서 가사노동의 분담에 대한 공평성 인식은 어느 정도 개선이 되었으나 시댁/친정관계에서는 여전히 여성이 불리한 위치에 있다. 2018년 상반기 사람인에서 실시한 설문조사에 따르면 시댁을 먼저 가고 처가를 나중에 가는 관행에 대해 불합리하다고 답한 여성은 55%였지만 남성은 14%에 불과했다. 결혼과 가족에 대한 기존의 가치관이 빠르게 붕괴되고 있다고 하나, 한국 사회에서 견고하게 이어져 온 가부장적인 문화가 아직까지 잔존하고 있는 것이다. 하지만 앞서 공평성 이론의 특징에서 언급했듯이, 공평성은 사회 문화적 영향을 크게 받기에 기존의 가부장제에서 요구하는 며느리상에서 벗어나 남편과 아내가 공평히게 시댁과 처가에서 대우받을 필요가 있다. 마지막으로, 부부는 잠재적인 믿음을 가질 필요가 있다. 부부는 법적으로 정의된 관계이며 이혼을 하지 않는 이상 장기적으로 관계를 유지한다. 그러므로 당장 나타나는 결과물이 균형을 이루지 않더라도 부부라는 하나의 단위로써 잠재적인 믿음을 가지고 장기적으로 서로를 바라본다면, 조금 더 수월하게 공평성을 맞추어 나갈 수 있을 것이다.

3. 보완욕구 이론

보완욕구 이론(Complementary needs theory)은 두 사람 사이에 서로를 보완해 줄 수 있는 요인이 있을 때 매력을 느낀다는 이론이다(Winch, 1954). 사람들은 자신이 선택 가능한 범위 안에서 배우자를 선택하게 되는데, 이때 자신과 비슷한 욕구를 가진 사람보다는 보완적인 욕구를 가진 사람을 선택하는 경향이 있다. 호감을 느끼는 사람은 욕구가 유사한 사람이기보다는 자신의 욕구를 보완하는 사람에게 호감을 갖게 된다. 즉, 자신의 욕구 충족에 가장 큰 만족감을 줄 수 있는 보완적인 사람을 배우자로 선택한다는 것이다.

이 이론의 기본 가정은 사람들이 모든 가능한 데이트 대상자들 중에서 자신의 욕구 충족에 가장 큰 만족감을 줄 수 있는 보완적인 사람을 배우자로 선택한다는 것이다. 예를 들어, 의존적인 사람은 똑같이 의존적인 사람보다는 양육적인 사람에게 더욱 호감을 갖게 되고, 마찬가지로 양육적인 사람은 자신에게 의존하려는 사람에게 끌리게 되는 것이다. 또 다른 의미는 '내가 가지고 있지 않는 분야의 재능의 능력자를 배우자로 선택함으로써 성취감을 대리만족을 할 수 있다'라는 것이다.

1950년 노스 웨스턴 대학교에서, 선정한 25팀의 커플, 즉 50명을 대상으로 실험을 하였다. 실험의 정확성을 위해 사회경제적 지위, 종교, 인종, 나이 등을 고려하여 실험 대상을 지정했다. 그리고 모든 커플들은 결혼한 지 2년이 되지 않고 아이가 없는 상황이라는 조건도 추가되었다. 그 이유는 부부간의 상호작용이 미치는 영향을 최소화함으로써 그들이 배우자를 선택할 때 자신의 성격의 영향을 보기 위함이였다. 실험에서 그들이 생각하는 자신의 성격과 자신에게 필요한 성격, 반대로 자신에게 필요하다고 생각하는 성격을 조사하였다. 그 결과로 그들이 의식하지 않고 있지만 모두 비슷한 경향을 보여 주었다. 자신이 부족하고 필요하다고 생각하는 성격의 조합. 즉, 서로 반대되는 성격의 상관관계가 도출되었고 이 관계에서 자신이 갖고 있지 않는 성격, 필요성이 배우자에게 나타나는 것을 알 수 있었다. 실험으로 보통 사람들이 배우자를 선택하는 경우에 보완욕구 이론이 나타나는 것을 알 수 있었다.

서로가 정말 비슷한 사람이어서 영혼의 쌍둥이 같다는 커플들이 있다. 먼저 배려하고, 음악 감상, 요리 등 취미와 정치적 견해까지 놀랄 만큼 비슷해서 단짝 친구처럼 산다. 굳이 묻지 않아도 상대의 마음을 헤아리니 싸울 일이 없고 평화롭다. 문제가 없어 보이는 이들도 문제가 있다고 한다. 문제는 이미 서로를 너무 잘 알아 더 이상 관계가 발전할 수 없는 데서 느끼는 무력감과 뜻밖에 싸워야 할 대상은 무엇인지 모르는 관계의 공허함이라는 이야기를 한다.

이러한 보완에는 두 가지 유형이 있는데, 첫 번째 유형은 어떤 분야에 높은 욕구를 가지고 있는 사람은 그렇지 않은 사람에게 이성적인 감정을 느끼는 보완이 있고, 만족하려는 욕구 분야가 서로 다를 때 매력을 느끼는 두 번째 유형의 보완이 있다.

예를 들어, 내성적인 사람은 외향적인 사람에게 더 큰 매력을 느끼고, 모성적이고 양육적인 사람은 자신과 반대인 의존적인 사람에게 매력을 느끼며, 지배력이 강한 사람은 복종적인 사람에게 더 끌리게 된다는 것이다. 보완욕구 이론으로 설명할 수 있는 커플이나 부부는 많은 영화나 드라마에서도 자주 볼 수 있다.

영화 〈이터널 선샤인〉(Eternal Sunshine Of The Spotless Mind, 2004)의 두 남녀 주인공은 서로 정반대인 인물들이다. 여주인공 클레멘타인은 충동적이고, 활발하며, 말보다는 행동을 우선으로 하는 명랑한 여자이다. 그러나 남주인공인 조엘은 계획적이고, 무뚝뚝하며 표현을 잘하지 않는 차분한 남자이다. 영화에서 조엘과 클레멘타인은 서로에게 첫눈에 반했고, 바로 사귀기로 했으나 심한 다툼 후에 서로의 기억을 지웠다. 후에 다시 만난 둘은 다시 처음처럼 사랑하기로 했다. 그들이 첫눈에 반한 이유와 심한

다툼 후 기억을 지웠음에도 서로에게 끌린 것은 서로의 반대되는 성격이었고, 그렇기에 더 큰 매력을 느껴 서로의 배우자가 되었기 때문에 보완욕구 이론으로 이 둘을 설명할 수 있다.

영화 〈이터널 선샤인〉의 클레멘타인(케이트 윈슬렛), 조엘(짐 캐리)

드라마 〈응답하라 1988〉의 덕선(혜리), 택(박보검)

드라마 〈응답하라 1988〉(2015)이 한창 방영할 때, 여주인공 덕선(혜리)의 미래 남편이 택(박보검)이 될 것인가, 정환(류준열)이 될 것인가에 대해 엄청난 토론들이 이어졌다. 덕선의 선택은 많은 시청자들의 바람과는 달리 택이었다. 덕선이 택이를 배우자로 선택한 이유를 보완욕구 이론으로 설명할 수 있다. 1남 2녀의 가정에서 둘째로 태어난 덕선은 첫째와 막내 사이에서 부모의 대한 애정을 덜 받았음을 느끼며, 그렇기에 오히려 더 양육적이고 모성애가 강한 여성으로 성장하게 되었다. 그런 그녀는 어렸을 때부터 몸이 약했고, 소심했던 택이에게 모성애와 보호본능을 느꼈고, 택이 자신에게 기대길 바랐다. 택은 어머니 없이 홀로 자라 왔기에 엄마 같았던 덕선에게 의존하는 모습을 많이 보였다. 그에 반해 정환은 뭐든 알아서 잘하는 남자였고, 오히려 정환은 덕선을 챙겨 주는 입장이었다. 서로에 대한 보완적인 욕구를 갖고 있었던 덕선과 택은 결국 결혼에 이르렀다.

그러나 보완욕구 이론은 후속 연구들로부터 완전한 경험적인 연구결과가 부족하다는 이유로 지지를 얻지 못하였다(Murstein, 1970). 서로의 욕구를 보완해 주는 이성에게 더 많은 매력을 느끼고 배우자 선택을 한다는 이 이론은 대체적으로 보면 맞는 말인 듯하다. 그러나 배우자를 선택할 때 상극된 욕구를 추구하는 것은 앞으로 평생을 함께할 상대를 고를 때에 조금은 맞지 않을 수 있다. 게다가 비슷한 성격과 욕구, 가치관을 갖고 있는 부부도 적지 않으므로 보완욕구 이론은 이론의 재구성 작업이 필요하다.

4. 자극-가치-역할 이론(Stimulus-Value-Role Theory)

우리에게 결혼이라는 것은 굉장히 익숙한 단어일 것이다. 결혼을 하는 가장 큰 이유로 사람들은 사랑하는 배우자와 함께 미래를 보내고 싶기 때문일 것이다. 하지만 요즘 결혼을 쉽게 생각하고 충동적인 감정으로 하는 사람들이 많아졌다. 평생의 사랑과 신뢰를 서로에게 약속하며 결혼을 하지만, 서로 다른 환경에서 자란 두 사람과 두 가정의 조화가 쉽지만은 않은 것이다. 결혼 전에 예상치 못했던 상황을 극복하지 못하고 이혼을 결정하는 부부들이 많아지고 있다. 그 이유는 배우자 선택과정 중 하나인 자극-가치-역할 이론이 충분히 행하여지지 않았기 때문이며 정확하게 말하자면 자극 단계에 충실했기 때문이라고 말할 수 있다.

자극-가치-역할 이론은 배우자 선택에 관한 단계 이론 중 하나로, 여과 이론을 보완하고 사회적 상호작용을 행위자 간에 가치 있는 물질적 · 비물질적 보상을 주고받는 교환과정으로 이해하는 이론인 사회교환 이론적 관점을 취하고 있다. 사회교환 이론을 바탕으로 한 머스타인(Murstein)의 자극-가치-역할 이론에서는 배우자 선택이 자극, 가치, 역할의 연속적인 세 단계를 거쳐 이루어진다고 설명한다. 특히 자극 단계에서 보상이나 대가의 교환이 중요하다는 것을 제시하고 있는 이론이다. 3가지 단계를 간략하게 설명하면 다음과 같다.

자극 단계에서는 직접적인 상호작용을 시작하기 전에 외모, 명성과 같은 관찰이 가능한 상대방의 자질에서 다른 사람보다 더 이끌리는 매력을 느끼게 되는 것이다. 즉, 연애 초기이거나 흔히 말하는 썸인 경우 느끼는 단계이며, 내적보다는 외적 이상형을 중요시하기 때문에 지속적이지 못하고 일시적인 특징을 가지고 있다.

가치 단계에서는 사람이 서로 긍정적으로 느끼는 자극을 주고받은 다음에 인생의 목표, 결혼관, 자녀관 등 가치관이 비슷한지 살펴보는 단계이다. 이 과정을 통해 두 사람의 관계를 진전시키는 것이 본인에게 손해가 더 많은지 아니면 보상이 더 많은지 평가한다. 이 단계에서는 더 이상 신체적 매력은 중요하지 않는 상태이며 이는 연애 초중반에 많이 일어나는 단계이다. 또한, 자극 단계보다는 지속적인 특성을 가지고 있다.

역할 단계에서는 현재와 결혼 후의 역할 수행 능력과 상호역할을 검증하는 부분이라고 할 수 있다. 가치관이 일치한다고 해서 끝나는 것이 아니라 역할이 서로에게 적합한지 확인하는 것이 필요하다. 이때 상호 간의 만남과 접촉을 통해서 누가 주도권을 쥐게 될지, 누가 실제로 일을 수행할지에 대해 탐색하고 바람직한 관계에 대한 서로의 생각과 행동을 발견하는 단계이다. 이 단계에서 중요한 것은 두 사람이 모든 면에서 완벽한 의견의 일치를 볼 수는 없다는 점이다. 이는 연애 후반이나 결혼 또는 동거를 할 때 많이 영향을 끼치는 단계이며 앞의 것들이 일치하면 결혼을 하게 된다. 또한, 이는 3단계 중 가장 지속적인 특징을 가지고 있다. 단, 이 3가지 단계는 순차적으로 일어나기도 하지만 한꺼번에 작용하기도 하며 서구에서는 동거를 하면서 관계를 형성해 나아가기도 한다. 즉, 사회문화에 따라 유동적으로 변화하는 특성을 가지고 있다.

저자는 이 세 가지 단계가 나타나는 영화를 소개하려 한다. 바로 영화 〈겨울왕국〉이다. 〈겨울왕국〉은 개봉 이후 참 많은 사랑을 받았다. 〈겨울왕국〉은 얼음마법을 쓰는 엘사와 그의 동생 안나의 이야기이다. 이 〈겨울왕국〉의 주요 줄거리는 사실 배우자 선택 혹은 결혼과 큰 상관이 없을지도 모른다. 하지만 우리가 주목해서 볼 부분은 바로 안나의 이야기에 있다. 안나는 영화 초반 한스라는 인물과 사랑에 빠져 결혼을 결심하게 된다. 그 서사를 잘 살펴보자.

안나와 한스는 처음 항구에서 만나게 된다. 한스의 말이 안나를 치고, 떨어지려는 안나를 한스가 구한다. 안나는 처음 한스의 얼굴과 목소리에 호감을 느끼고는 버벅대는 모습을 보인다. 이후 안나와 한스는 대관식에서 다시 만나게 되고 대관식 이후 파티에서 많은 이야기를 나누게 되며 서로에 대해 알아 간다. 한스의 정중함과 다정함에 안나는 더 큰 호감을 느꼈고 서로에 대한 공통점을 발견해 낸다. 이어 유명한 OST인 'Love is an open door-Santino Fontana'를 부른다. 노래 마지막에는 한스의 "Will you marry me?"라는 질문에 "Yes"라 대답하고, 둘의 배우자 선택은 끝이 나게 된다. 저자는 이 이야기에서 안나와 한스의 첫 만남을 자극 단계, 대관식에서 다시 만나 많은 이야기를 나누는 때를 가치 단계 마지막으로 노래를 부르며 서로에 대한 공통점과 목표에 확신하는 OST 순간을 역할 단계라고 생각했다.

정리해 보면 초반, 즉 연애의 경우에는 자극 〉 가치 〉 역할이었다면 시간이 지날수록 연애 중후반이 되고 결혼을 할 시기가 된다면 역할 〈 가치 〈 자극으로 변화한다는 것이다. 이 이론이 말해 주고자 하는 바는 사랑하는 사람과 자극－가치－역할의 단계를 걸치는 도중 서로 다른 점이 있다고 하여 그 사람을 배우자로 선택하지 말라는 것이 아니라, 서로 협상을 통하여 합의점을 찾아가는 것이 매우 중요하다는 점을 말해 주고 있다. 이러한 단계를 정확하게 밟는다면 우리나라의 사회적 문제인 이혼율 또한 감소될 것이고 서로서로 더 나은 미래를 향해 갈 수 있게 될 것이다.

5. 결혼 전 2인 관계 형성 이론(Premarital Dyadic Formation)

결혼 전 2인 관계 형성 이론은 루이스(Lewis)가 주장한 이론으로서 자신의 배우자를 선택하기 전에 교제하고 있는 두 사람 간의 관계의 발달 과정을 설명하는 데 적합한 이론이라고 할 수 있다. 또한, 이 이론은 6가지의 과정으로 형성되어 있는데, 각각의 과정들이 분리되어 있는 것이 아니라 서로서로 연관되어 있고, 직전의 단계가 제대로 형성이 되어야 안정적으로 그다음 과정으로 향할 수 있다는 것이다. 6가지의 과정은 다음과 같다.

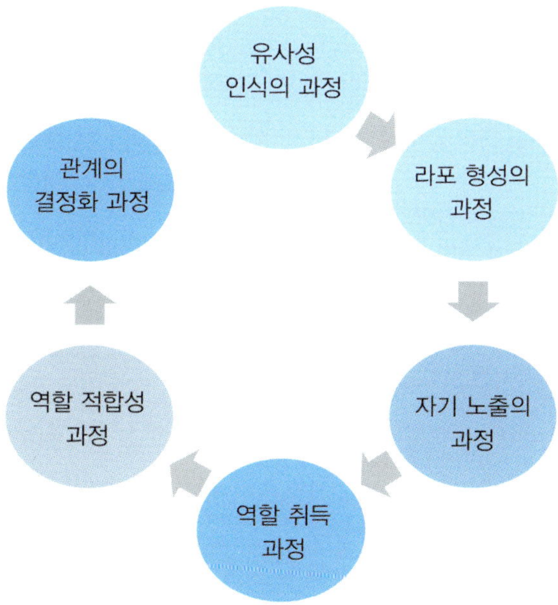

[그림 4-1] 결혼 전 2인 관계 형성 이론 6가지 과정

그 첫 번째 과정은 유사성 인식의 과정이다. 이 단계에서는 사회적 배경, 가치, 흥미, 성격 등에서 서로의 유사성을 인식하는 단계로 볼 수 있다.

두 번째 과정은 라포 형성의 관계이다. 라포란 마음의 유대라는 뜻으로서 서로의 마음이 연결된 상태, 즉 서로 마음이 통하는 상태를 뜻한다. 이 단계에서는 두 사람 간의 편안한 대화, 서로에 대한 긍정적 평가, 서로의 관계에 대한 만족, 주변 사람들의 인정 등으로 관계가 더욱 발전한다고 본다.

세 번째 과정은 자기 노출의 과정이다. 서로 간의 노출을 통해서 두 사람의 관계가 더욱더 솔직해지고 개방적인 관계로 발전하게 된다는 것이다. 여기서 중요한 것은 친밀함을 드러내는 것이다. 지속적으로는 두 사람이 자신의 내적 생각과 감정을 서로에게 드러내는 상호적 노출이 중요하다.

네 번째 과정은 역할 취득 과정이다. 이 과정은 다른 것들과는 다르게 이전 과정에서 습득한 서로에 대한 이해를 바탕으로 서로에게 적합한 역할을 취득하게 된다. 자신이 자기가 편한 역할을 선택하는 것이 아니라 상대의 기대를 고려하면서 자기의 행동을 조정해 역할 행동을 습득해 가는 과정이라는 것을 인지하고 취득하여야 한다.

다섯 번째 과정은 역할 적합성 과정이다. 여기에서는 서로 간의 성격의 유사성, 역할의 보완성, 욕구의 보완성 등을 파악함으로써 서로의 역할을 적절하게 조화시키게 된다.

마지막으로 여섯 번째 단계는 관계의 결정화 과정이다. 이 과정에서는 서로에 대한 관여가 증가하고, 두 사람이 함께 기능함으로써 커플로서 인식하는 단계이다. 이 단계에 도달하면 두 사람은 외부세계와의 경계를 확실히 설정하고, 서로에 대한 헌신과 희생이 더욱더 증가하게 된다. 서로 간의 역할 영역이 확실히 결정됨으로써 한 커플로서의 정체감을 수립하고, 당사자 간뿐만 아니라 타인들로부터 한 커플임을 인정받는다는 것이다.

이렇듯 우리는 배우자나 관계 상대를 결정함에 있어서 수많은 결정을 해야 한다. 뿐만 아니라 앞의 여섯 과정들은 앞서 말했던 것처럼 상호작용으로 이루어지기 때문에 전 단계의 과정이 성공적으로 이루어져야 다음 단계가 좀 더 원활하게 진행될 수 있는 것이다. 그러므로 교제함에 있어서 진실되고 성실하게 임해야 할 것이다.

6. 갈등 이론(conflict theory)

우리가 함께 살아가고 있는 사회라는 울타리 속에서, 우리는 가정, 학교, 직장, 각종 단체와 같은 다양한 집단에 소속된 채로 살아간다. 각 구성원들의 '필요'에 의해 만들어진 집단은 때때로 그 내부적으로, 혹은 그들 집단 간에도 서로 갈등을 빚곤 하는데, 구조 기능주의와는 달리, 갈등 이론은 이 '갈등'이라는 현상을 중요시하고 그것을 통해 우리 사회에서 이러한 관습은 왜 생겨났는지, 혹은 이러한 사회구조가 어떻게 만들어져 왔는지 등의 사회현상을 분석하고 설명하려 한다.

갈등 이론을 이해하기 위해서는 '마르크스(Marx)'에 대하여 먼저 이해하는 것이 아주 효과적이다. 마르크스는 인간의 역사를 계급 간의 갈등의 역사로 보았으며, 모든 사회 변화는 생산수단을 소유하는 집단과 그것을 쟁취하려는 비소유 집단 간의 갈등과 투쟁의 결과라고 보았다. 생산수단을 소유하였다는 것은 자본주의 사회에서 돈을 벌 수 있는 수단을 가졌다는 것을 의미하고, 이들은 그렇지 못한 사람들보다 사회적으로 더 우위에 서게 되는데, 이렇게 형성된 불평등이 투쟁의 원인이 되고, 투쟁을 통해 불평등한 사회는 이상적인 모습에 다다를 때까지 끊임없이 변하게 된다.

앞의 내용들을 우리의 사회 구조에 그대로 투영해 보면 갈등 이론가들의 주장을 쉽게 이해할 수 있다. 갈등 이론에서 갈등 발생의 원인은 마르크스의 이론에서와 마찬가지로 '불평등'이다. 우리 사회에서 개인들은 불충분한 자원을 더 많이 확보하기 위해 경쟁하고, 이 과정에서 수많은 갈등이 발생한다. 여기서 '불충분한 자원'을 '돈'이라고 생각해 보면 이해가 훨씬 빠를 것 같다. 갈등 이론가들의 입장에서, 이러한 '돈을 벌기 위한 갈등, 쉽게 말하자면 월급을 올리기 위한 갈등과 인건비를 줄이기 위한 갈등' 등은 마르크스 이론에서의 '투쟁'과 같은 작용을 한다. 즉, 갈등이 부정적이라기보다는 사회적 진보를 위한 수단이자, 필수적인 것이라고 생각하는 것이다. 불평등의 격차를 줄이기 위한 노력, 즉 갈등은 기존의 부당한 제도의 변화를 유발하고, 이러한 변화를 통해 부조리한 것들을 개선하면서 사회를 끊임없이 재조직시키는 역할을 수행한다. 그렇다면 '사회'라는 단위를 더 세분화하여 '가족'이라는 집단을 살펴보도록 하겠다. '현모양처, 혹은 여성은 집안일을 해야 한다'는 사회적 악습이 팽배했던 과거에는 경제적 생산의 주요 책임자이자 공급자인 남성이 가족 내에서 권력을 독점하고 우월적 지위를 차지하였으며, 상대적으로 그러할 능력이 없는 여성과 아동은 아버지의 말, 남편의 말이라면 무조건적으로 따라야만 했고, 이러한 권력의 차이는 결혼과정이나 가족 내에서도 불평등을 초래하였다. 대표적인 사례가 결혼 예식에 존재하는 '폐백'이다. 폐백은 신부가 시부모 및 시댁 친인척에게 인사를 드리는 것으로, 여성이 친정을 떠나 시댁으로 들어간다는 의미로, 신부 측에게만 강요되었던 풍습이었다. 반대로 더 많은 권력을 지닌 남성에게는 요구되지 않는 행위로써, 권력의 불평등이 초래한 또 다른 불평등을 보여 주는 사례이다.

결국 이러한 불평등은 또 다시 갈등을 초래하였고, 그 수많은 갈등들을 거쳐 현대사회에서는 가부장제도와 남존여비 사상, 남아선호 사상 등 부조리한 기존의 관습들이 대부분 사라진 상태이며, 현대에는 여성 인권을 신장하기 위한 사회적인 움직임들 또한 우리 사회에서 새로운 갈등 중의 하나로 대두되고 있다. 이렇듯 갈등이라는 것은 필연적이고 끊임없이 발생하는 것이기 때문에, 갈등주의자들은 갈등을 없애려고 하기보다는 구성원들이 갈등을 관리하는 과정에서 상호 만족스러운 방식으로 협상하고 타협하는 것이 중요하다고 본다.

결혼 및 가족에 관하여 갈등 이론을 평가해 보았을 때, 조화와 갈등이 공존하는 가족의 양면성과, 가족갈등 문제를 표면화시킨 점에서 갈등 이론은 의미가 있지만, 권력이나 역할과 같은 사회 규범이 가족 간에는 경쟁적 갈등 기제로만 작용하는 것이 아니라 오히려 긍정적인 질서로서 수용되기도 한다는 것을 간과하였다는 아쉬움이 있으며, 또한 애정, 친밀감, 유대감 등의 긍정적 정서를 기반으로 한 모든 가족행동들을 갈등이라는 한 가지 원인으로 설명하려고 한다는 한계점이 있다.

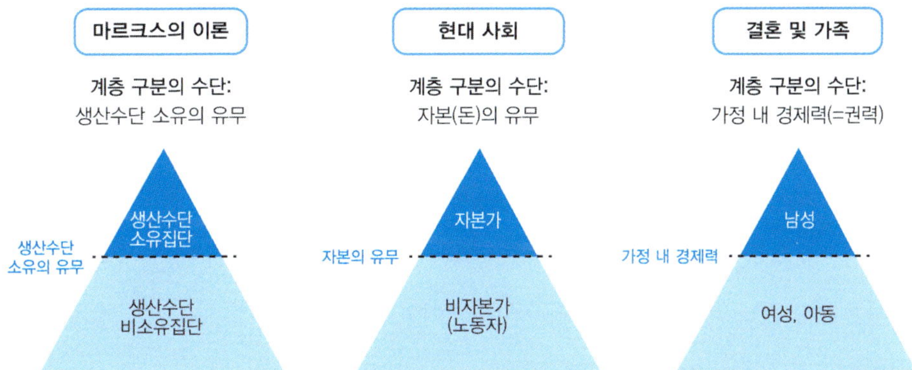

[그림 4-2] 특정 요소에 의한 계층구분과, 그에 따라 갈등의 주체가 되는 두 계층

7. 상징적 상호작용 이론(symbolic interactionism)

상호작용(interaction)은 사람이 사회를 구성하고 삶을 영위해 가는 본질적인 체계라 할 수 있는데, 이는 사람은 자신을 둘러싸고 있는 다양한 환경의 영향 속에서 작용과 반작용 과정을 거듭함으로써 개인의 삶, 그리고 나아가 사회를 구성하기 때문이다. 상호작용에 대한 정의는 학자들에 따라 다양하지만, '둘 이상의 대상 간의 행동'이라고 보는 것에는 공통성을 보이며, 인간의 사회적 행위가 진공상태가 아닌 행위의 주체와 객체가 서로 영향을 주고받는 데에서 구성된다는 것을 강조한 개념이라고 할 수 있다. 상징적 상호작용론은 인간의 이러한 사회적 행위를 설명해 주는 이론으로, 개인이 그들의 사회적 환경과 상호작용함으로써 세상에 대한 의미를 얻고 가치관을 형성하게 된다는 것을 강조한다. 또한, 개인의 상호작용을 통한 가치관 형성을 설명하기 때문에 상징적 상호작용론을 다루는 연구는 사회구조나 문화가 사회 구성원의 행위를 좌우한다고 보는 거시적 관점과는 달리 사회구조와 문화 속에서 개인이 행위하는 과정에 중점을 두는 것이 특징이다. 사회 · 문화 현상에 대한 미시적 관점으로서 상징적 상호작용론은 거시적 관점이 간과한 개인의 능동적인 사고 과정과 행위의 선택 그리고 타자와의 의사소통 과정에 주목한다.

상징적 상호작용론에 따르면, 사람은 언어와 문자 등 상징을 사용하여 서로 상호작용하며, 그 과정에서 자신과 주위 사람들과의 관계를 깨닫고, 자신이 어떻게 행동할 것인가를 판단한다. 상징적 상호작용론은 개인들이 자신들 나름대로의 방식으로 주어진 상황을 정의하며 이에 따라 행동하고 있음을 강조한다.

결혼과 가족에서의 상징적 상호작용론은 가족구성원 간의 일상적 상호작용에 초점을 두고 결혼제도 및 가족과정을 이해하는 관점으로서, 첫째, 상징적 상호작용 이론의 전제는 인간의 행동은 서로 간의 사회적 상호작용에 의해 결정된다는 것이다.

둘째, 상징적 상호작용 이론의 전제에 대한 가정은 인간은 상징을 창조하고 조작할 수 있는 존재라는 것으로 인간은 상황에 대해 주관적인 해석을 하며, 해석에 따라 행동이 달라진다. 예를 들면, 어머니가 자녀의 행동을 어떤 의도로 해석하느냐에 따라 어머니의 양육 행동은 달라질 수 있다. 아이의 울음을 졸린 것으로 생각한다면 아이를 재울 것이고, 울음을 떼쓰는 의도로 받아들인다면 혼을 낼 수도 있다. 이러한 상징적 상호작용 이론의 한계는 결혼제도나 가족체계에 영향을 미치는 거시적 측면을 간과했다는 것으로, 경제가 어려우면 결혼에 큰 영향을 미칠 수 있어 결혼과정이나 가족 내에 존재하는 권력관계 및 갈등을 충분히 설명하지 못한다는 것이다.

2절 가족발달 이론

1. 가족발달 이론

가족은 살아 있는 유기체처럼 태어난 후 서로 존중과 배려를 하여 살아가며 그 과정에서 성장하고 마지막에 소멸을 하는 존재라고 말할 수 있다.

이에 가족발달 이론은 가족을 상호작용하는 개인들의 집합체로 보고 시간적 경과에 따른 가족의 변화에 초점을 맞추어 본다. 또한, 이 이론은 출생부터 사망에 이르는 개인의 생애처럼 가족도 형성부터 해체까지의 전 과정이 있다고 가정한다.

개인의 생애를 보았을 때 출생, 영유아기, 아동기, 청소년기, 성인기, 중장년기, 노년기의 단계를 거치는데, 가족 역시 이러한 단계를 거친다는 것이다. 성인 남녀의 결혼으로 성립된 가족은 이후 자녀 출산, 양육, 자녀들의 독립, 배우자의 사망 등 일련의 사건을 겪게 된다. 이 과정에서 가족의 구조, 기능, 역할, 과업 등이 변화한다 이처럼 시간이 경과함에 따라 변화하는 가족생활의 연속적 과정을 가족생활주기라고 한다.

가족발달 이론은 가족생활주기의 각 단계마다 가족이 이루어야 될 과업이 무엇이고, 과업을 달성하는 과정에서 구성원들의 기대와 욕구가 어떻게 조정되며, 각 단계가 어떠한 가족 상호 작용이 이루어질지 예측할 수 있는 준거를 제시하였다. 먼저 가장 고전적인 가족생활주기에는 미국의 핵가족을 조사한 듀발(Duvall)의 8단계가 있는데, 이는 결혼하여 아직 자녀가 없는 신혼기, 첫 자녀 출생 후 자녀가 약 2세 반이 되는 시기인 자녀 출산기, 첫 자녀가 2세 반에서 6세가 되는 학령전기 자녀기, 첫 자녀가 13세에서 20세인 10대 자녀기, 자녀들이 집을 떠나는 시기인 진수기, 다 떠난 후 은퇴가 이루어질 때까지의 중년기, 자녀들의 은퇴에서 부부의 사망까지의 노년기가 그 8단계이다.

이 듀발의 8단계가 서구 중산층 핵가족을 모델로 한 가족생활주기이기 때문에 그들을 대상으로 하기엔 적절하다고 할 수 있지만 현대의 한국가족들에게 적용되기에는 부적절한 것으로 여겨진다. 가족은 순간순간 변화하는데 가족발달 이론은 이를 움직이거나 변화하는 집단으로 파악하여, 가족 체계의 종단적 경로인 가족생활주기를 중요시한다. 즉, 기존 가족생활주기는 남녀의 결혼을 출발로 자녀를 출산하고 양육하며 이혼 없이 지속되는 가족만을 설명한 것이다. 최근 증가하고 있는 무자녀 가족은 자녀 양육기나 자녀독립기로 이행되지 않기 때문에 기존의 가족생활주기로는 설명이 어려우며 이혼 후 재혼을 하는 가족이 증가하는 것 역시 기존의 가족생활주기로 설명하기 어려운 부분이 있다. 또한, 기존의 이론에서는 자녀의 발달에 초점을 맞추기 때문에 부모나 조부모의 연령단계에 따른 발달을 잘 알아 보기 힘들고 가족이 놓여 있는 시간개념에 대해서는 집중하고 있지 않기 때문에 같은 가족생활주기의 경로라도 사회마다, 그리고 문화마다 다르게 해석될 수 있다는 점을 간과하였다. 그러나 가족생활주기에는 간과한 점들도 있지만 분명히 사회에 기여한 점들도 있다.

우선 가족연구에서 가족을 보는 시각을 새롭게 하였다는 것, 연구방법의 측면에서 많은 기여를 했다는 것이 있다. 또한, 가족의 발달적 변화를 강조함으로써 가족생활교육의 프로그램을 구성할 때나 가족상담 그리고 가족치료 등의 실천적 영역에서 널리 사용되었다. 앞으로는 다양한 가족들 모두에게 적용될 수 있는 경우들을 설명하기 위해 가족에 대한 보다 정교하고 확장된 가족생활주기가 필요할 것이다. 개인의 생애발달에서 각 시기에 이루어야 될 발달과업이 있듯이 가족발달 이론에서도 원만한 가족생활을 위하여 가족이 성취해야 할 단계별 발달과업은 중요하다.

가족생활주기에 따른 과업을 가족이 단계적으로 수행해야만 가족원들이 안정감과 충족감을 느낄 수 있는데, 각 단계별 발달과업은 반드시 이루어져야 하는 결정적 시기가 있으며, 결정적 시기에 과업이 수행되지 않으면 가족은 역기능을 나타낼 수 있다. 이에 이 과정 속에서 가족들은 서로를 이해해야 할 필요가 있다. 또한, 가족생활주기의 각 단계마다 혹은 전이의 시기에 가족은 사건을 겪으며 스트레스를 경험하는데, 홈즈와 레어(Holmes & Rahe)의 연구에 따르면 스트레스의 강도가 큰 사건을 순서대로 나열하면 배우자의 사망, 배우자와의 이혼, 별거, 가족구성원의 사망, 결혼 등이라고 한다. 이러한 상황 속에서 가족들은 가족의 스트레스 정도를 이해하기 위해 발달적 관점을 고려할 필요가 있고 가족들은 더욱더 가족구성원을 이해할 수 있도록 해야 한다.

따라서 가족구성원들이 성장하고 노화함에 따라 가족원의 상호작용에 변화가 생길 수 있고 가족 안에서의 역할에 대한 규범 역시 변화하며 각자가 다양한 수준에서 다양한 요인들에 의해 영향을 받고 서로 상호영향을 미치기 때문에 이런 다양한 과정과 경우에 대한 발달적 이해가 중요하다고 볼 수 있다.

2. 가족체계 이론(family system theory)

일반체계 이론을 가족에 적용하여 가족이 가지고 있는 유기체적인 특징과 역동을 설명한다. 체계(system)란 일정한 상호 연관관계를 가지고 있는 구성요소들이 조직화된 하나의 전체를 의미한다. 먼저 생물학자인 버탈란피(Bertalanffy)가 주장한 일반체계 이론에 따르면, 체계의 구성요소들은 서로 상호작용을 하는 밀접한 관계를 맺고 있기 때문에 체계의 어느 한 부분에 변화가 일어나면 다른 부분도 연쇄적으로 변화가 일어나고, 그러한 변화는 다시 처음의 변화에 영향을 미친다. 따라서 한 체계가 어떻게 움직이는지를 이해하기 위해서는 체계 안의 다양한 구성요소들에 대해 개별적으로 관찰하고 이해하기보다는, 구성요소들 간의 상호작용을 이해해야 한다.

일반체계 이론을 가족에 적용하면, 가족은 하나의 전체적인 체계이다. 가족의 하위 구성 요소는 가족구성원들이고, 가족구성원들은 위치에 따라 부부 하위체계, 부모 하위체계(부모와 자녀와의 관계), 형제자매 하위체계, 가족구성원 개인 간의 관계에 소속되고, 각자 기능을 수행한다. 이 과정에서 가족구성원들이 상호작용을 하며 서로와 가족 전체 체계에 영향을 미친다. 따라서 가족체계 이론은 가족이 의사결정을 내리고, 특별한 목표를 성취하며, 규칙을 정하는 과정에 영향을 미치는 요인들과 가족의 복잡한 상호작용을 설명하는 데 유용하다. 가족체계 이론에서 가족이 겪는 문제는 가족의 상호관계에 있으므로 단위로서의 가족이 치료대상이 된다.

가족체계 이론에서 가족이 효과적으로 기능을 수행하기 위해서는 가족과 가족 외부를 구분 짓는 경계가 분명하면서 동시에, 일정 수준의 투과성이 있어야 한다. 경계와 투과성의 수준에 따라 기능적 가정과 역기능적 가정으로 나뉘는데, 가족 외부의 정보 유입이 유연하고, 융통성을 가지고 있는 가족을 기능적 가정이라고 할 수 있다. 반면 외부의 정보와 에너지가 전혀 유입되지 못할 정도로 폐쇄적이거나, 너무 느슨해서 결속력을 갖추고 있지 않은 가족은 역기능적 가정이라고 한다. 기능적 가족의 특징은 가족규칙이 명확하고 공평하게 정해지고, 자유로운 의사소통을 통해서 필요하면 규칙이 변할 수 있다. 그리고 각 개인의 자율성을 존중하면서도 전체로서의 가족이 유지된다. 반대로, 역기능적 가족은 가족규칙이나 역할이 명확하지 않으면서, 경직되어 있다. 그리고 개인의 자율성은 가족 전체를 위해 희생되거나 반대로 가족이 통합되지 못해 개인에게 지나치게 큰 자율성이 요구된다. 역기능 가정에는 중독자가 속해 있는 가족이나, 개방적인 분위기가 부족한 가족, 지배적 태도가 나타나는 가족, 병과 죽음을 경험한 가족 등이 있다.

가족체계 이론은 대표적으로 '전체성, 상호의존성, 항상성' 개념을 가지고 있다. 전체성(wholeness)은 가족을 독립적으로 행동하는 개인들의 단순한 집단이 아닌 전체로 보는 것이다. 각 가족구성원들은 개인적 특성을 가지고 있지만, 동시에 교류를 통해 새로운 관계성을 형성하기 때문이다. 다음으로 상호의존성(interdependence)은 가족 내 한 사람이나 한 부분에서 변화가 일어나면 부정적이든 긍정적이든 모든 나머지 사람들에게 영향을 미치는 것을 의미한다. 가족구성원은 변화의 불균형에 대해 보상적 반응을 보이고, 따라서 불균형을 일으킨 변화를 이전의 균형 상태로 되돌리려는 경향이 있다. 마지막으로 가족체계 기능의 궁극적 목표는 안정성, 항상성을 유지하는 것이다. 가족구성원은 규칙적인 상황이 변화했을 때 원래의 상태로 돌아가기 위해 행동한다.

3절 생태학 이론

1. 생태학 이론(Ecology Theory)

부모와 자녀관계에서는 같은 집안에 소속되어 다양한 요인들에 영향을 받는다. 그렇기에 부모와 자녀관계를 정확히 이해하기 위해서는 생태학 이론이 반드시 필요하다. 인간의 발달은 인간이 자신의 환경을 자각하고 다루는 방식 안에서 지속적으로 변화하는 것이라고 정의된다. 이것의 기본 전제는 3가지로 제시하였다.

첫 번째, 발달하는 개인을 단순히 환경의 영향을 받는 백지상태로 간주하는 것이 아닌 환경을 재구성하는 존재인, 성장하는 역동적인 실제로 간주한다.

두 번째, 환경도 상호 조절과정을 요구하면서 발휘하기 때문에 개인과 환경 간의 상호작용은 상호 호혜성의 특징을 가진 것으로 간주한다.

세 번째, 생태학적 환경의 개념은 개인이 직접 참여하는 장면에 국한되는 것만이 아닌 개인이 직접 참여하는 장면들의 상호연결과 개인이 속해 있지 않은 외부환경으로부터 오는 영향까지 포함된다. 생태학 이론은 가족을 둘러싼 여러 환경이 개인과 가족 관계의 기능뿐만 아니라 부모-자녀에게 어떻게 영향을 주는지 말해 준다. 예를 들어, 만일 부모가 우울증에 빠져 있다면 이는 가족체계에서 자녀와의 상호작용에 영향을 주고 자녀의 또래 관계 및 학교생활에도 영향을 준다. 또한, 부모가 직장에서 책임이나 업무분야가 달라져 직무스트레스가 증가한다면 가정 내 부모-자녀 관계는 영향을 받을 수밖에 없다.

호프만(Hoffmann, 1960)은 부모-자녀를 결정하는 요인으로 부모가 지니고 있는 자녀 양육 관련 태도, 가족 구조적 특성, 현재 가정이 처해 있는 상황 등을 생태학적 관점에서 제시하였다.

〈표 4-1〉 부모-자녀 관계를 결정하는 요인

영역	하위요인	결과요인
현재의 가정상황	• 가정의 기능 • 가정의 사회문화적 위치 • 사회계층, 지역적 위치 • 가족의 병리적 상태	• 자녀의 행동, 성격 및 정신건강 등의 결정 • 부모나 다른 가족원에 대한 태도 및 행동 결정 • 자녀의 지적 능력, 창의성, 학업성취 등의 결정 • 가정 및 가족성원에 대한 자녀의 인지수준의 결정 • 성취 동기수준의 결정
부모 변인	• 부모가 성장한 환경 • 부모의 태도 및 성격 • 부모의 양육태도 및 행동	
가족구조	• 가족 구성 • 가족 관계의 구성	

2. 가계도

가계도는 2~3세대의 가족관계를 도표로 작성하는 것으로, 가족의 주요한 사건들, 가족성원의 출생과 상실, 의사소통과 관계유형, 그리고 직업 등 가족에 관한 연대기적 청사진을 보여 준다. 가족은 공간적으로 존재할 뿐 아니라 시간적으로 존재하기 때문에 시계열적으로 조명할 필요가 있다. 가계도는 가족을 사정하는 데 널리 사용되어 왔으며, 여러 세대를 살펴볼 수 있다는 장점을 가진다. 가계도는 사람을 표시하는 기호와 관계를 표시하는 선을 활용하여 주로 3세대 이상의 가족들에게 나타난 중요한 생활사건(결혼, 별거, 이혼, 사망, 입양 등)과 인구학적 정보(연령, 학력, 직업, 주거 등)들을 기술한다. 가계도는 가족구조를 도식화하고, 가족에 관한 정보를 기록하며 마지막으로 가족관계를 기술하는 순서로 작성된다. 중요한 가족사건이란 과도기, 인간관계의 변화, 이주, 상실과 성공 같은 것을 말하는데, 이러한 정보들은 가족을 역사적 관점에서 볼 수 있게 해 주고, 가족의 역사가 각 개인에게 어떤 영향을 미쳤는지를 알 수 있게 한다. 가족관계의 표현은 선으로 나타내게 되는데, 융합이나 대립적 관계를 선으로 상징화하여 나타낸다.

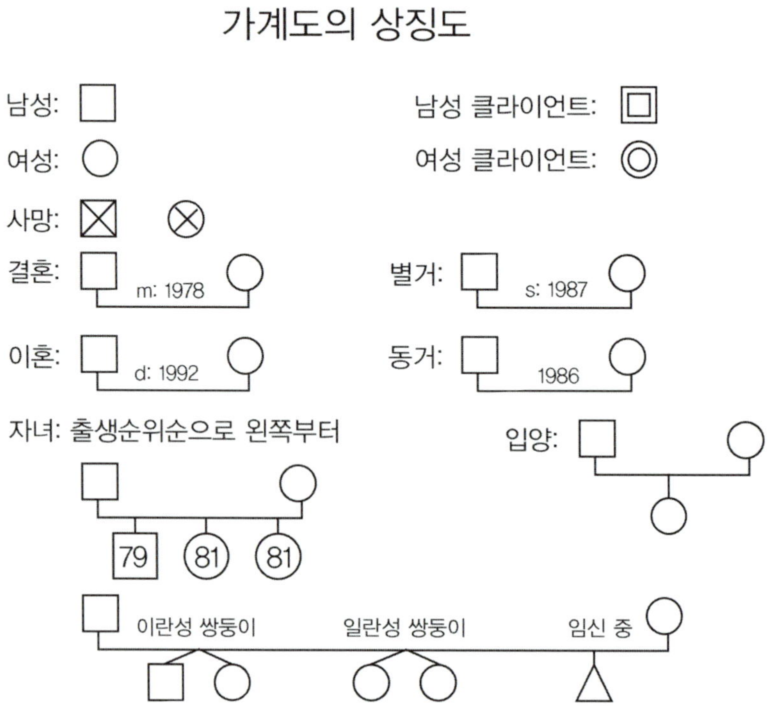
가계도의 상징도
남성:
남성 클라이언트:
여성:
여성 클라이언트:
사망:
결혼:
m: 1978
별거:
s: 1987
이혼:
d: 1992
동거:
1986
자녀: 출생순위순으로 왼쪽부터
입양:
79
81
81
이란성 쌍둥이
일란성 쌍둥이
임신 중

[그림 4-3] 가계도

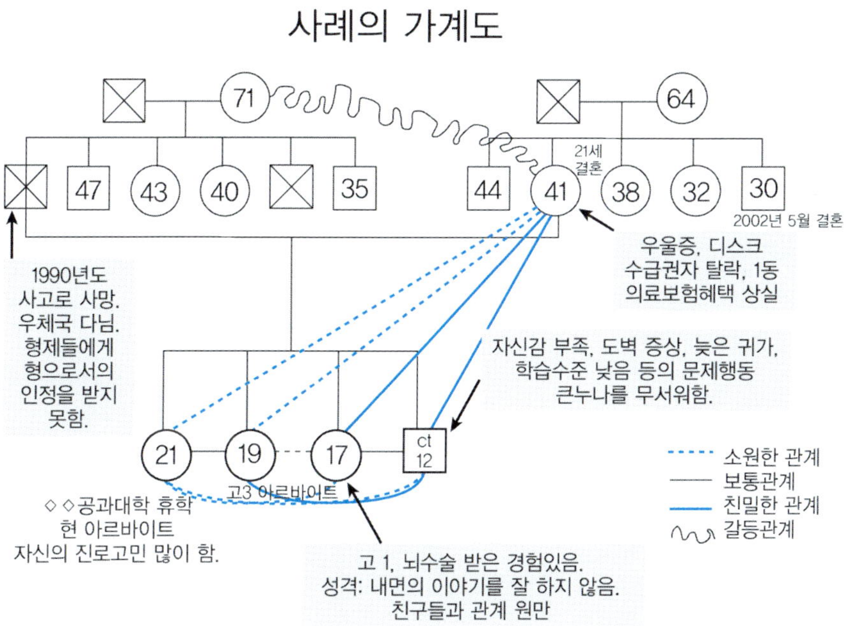

[그림 4-4] 사례의 가계도

3. 생태도

생태도란 가족 및 가족구성원과 환경 간의 상호작용을 그림으로 나타낸 것이다. 생태도는 개인이 상호작용하는 외부환경들을 명료하게 해 줄 뿐 아니라 그 환경들 간의 상호작용의 성격과 질, 지지와 자원의 흐름까지 파악할 수 있도록 해 주며, 나아가 개인과 가족에게 유용한 자원과 스트레스가 되는 자원, 부족한 자원과 보충해야 할 자원, 연계의 성격 등에 대한 정보를 제공해 주기 때문에 외부체계로부터 스트레스를 경험하고 있는 가족의 문제를 사정할 때 유용하다. 생태도는 현재 주거를 같이하고 있는 가구를 기초로 한다. 원을 그리고, 그 안에 현재 어려움을 겪고 있는 개인과 가족의 가계도를 그린 후, 각 구성원들이 관계를 맺고 있는 외부의 사회체계들을 각각 원으로 그려 넣는다. 그다음, 상호작용하고 있는 의미 있는 체계들과 관계를 선으로 표시하게 된다. 또한, 각 체계 간의 관계의 질과 자원의 흐름을 특정기호를 사용하여 표시한다. 이렇게 완성된 생태도는 가족과 환경체계 간의 관계에 대한 전체적 조망과 함께 개입에 필요한 정보를 간략하게 한눈에 파악할 수 있도록 해 준다.

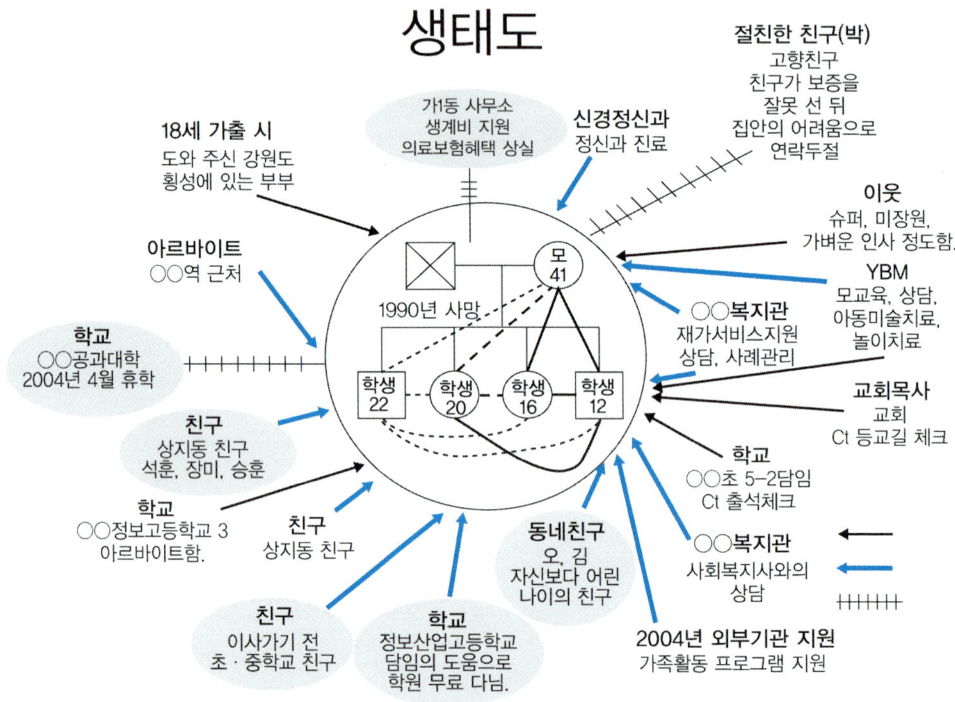

[그림 4-5] 생태도

1. 나의 출생 가계도 그리기

① 나이, 사망여부, 가족이 사망 시 자신의 나이
② 직업, 종교, 결혼여부, 중요사건, 가족과의 심리적 관계(밀착, 소원한 관계, 갈등관계, 단절 관계 등)
③ 성격, 대화방식

2. 나의 가계도 수정하기

가족과의 심리적 관계 설명
친구 2명에게 가계도가 명확한지, 심리적 관계가 잘 설명되었는지 평가받아 수정할 것.

3. 나의 가족에 관한 이야기 활동

1) 나의 출생가족에 대해 제목을 붙인다면 어떠한 제목을 붙이겠는가?
2) 출생가족 안에서 나는 어떤 존재로 취급되었는가? 만족했는가?
3) 출생가족의 모습이 현재의 나에게 어떠한 이점(나쁜 점)을 주고 있는가?
4) 출생가족의 모습을 통해서 나는 미래에 어떤 가족의 모습을 만들겠다고 생각했는가?
5) 현재 가족은 어떠한 모습인가? 기대했던 모습을 이룰 수 있었던(없었던) 요인은 무엇인가?

* 친구 1명에게 피드백 받은 내용:
* 친구에게 발표한 소감:

수정한 나의 가계도와 함께 다음 수업시간에 제출할 것.

다함께 생각해 보기

1. 나의 출생 가계도 그리기

   ① 나이, 사망여부, 가족이 사망시 자신의 나이

   ② 직업, 종교, 결혼여부, 중요사건, 가족과의 심리적 관계(밀착, 소원한 관계, 갈등관계, 단절관계 등)

   ③ 성격, 대화방식

2. 나의 가계도 수정하기

   가족과의 심리적 관계 설명

   친구2명에게 가계도가 명확한지, 심리적 관계가 잘 설명되었는지 평가받아 수정할 것.

3. 나의 가족에 관한 이야기 활동

   1) 나의 출생가족에 대해 제목을 붙인다면 어떠한 제목을 붙이겠는가?
   2) 출생가족 안에서 나는 어떤 존재로 취급되었는가? 만족했는가?
   3) 출생가족의 모습이 현재의 나에게 어떠한 이점(나쁜점)을 주고 있는가?
   4) 출생가족의 모습을 통해서 나는 미래에 어떤 가족의 모습을 만들겠다고 생각했는가?
   5) 현재 가족은 어떠한 모습인가? 기대했던 모습을 이룰 수 있었던(없었던) 요인은 무엇인가?

* 친구 1명에게 피드백 받은 내용:

* 친구에게 발표한 소감:

수정한 나의 가계도와 함께 다음 수업시간에 제출할 것.

CHAPTER 05

결혼생활에서 만날 수 있는 위기

Chapter 05

결혼생활에서 만날 수 있는 위기

1절 경제적 위기

1. 경제적 어려움

결혼생활의 삶을 불안정하게 만드는 환경은 주거지의 잦은 이동이다. 어느 누가 결혼을 통해 불행해지기를 바라는 사람이 있을까? 그러나 많은 가정이 행복한 가정생활을 유지하며 살아가지만 때로는 사업실패, 실직, 질병 등 갑작스런 위기로 빈곤가정으로 전락하는 모습을 우리는 주변에서 종종 볼 수 있다.

특히 사업실패 등의 경제적 어려움으로 위기에 내몰린 가정은 생존의 기로에서 경제적 빈곤을 타개하기 위해 일자리를 찾아 이주하거나, 경제적 불안정으로 더 낙후된 주거지로 이곳저곳 옮겨 다니기도 한다.

이때 그 가족들도 이집 저집 옮겨 다녀야만 한다. 그리고 주거지 이동으로 먹고사는 경제활동의 업종이 빈번하게 바뀌는 경우가 있으며 이런 잦은 이동으로 어린 자녀들은 지역사회와 문화에 익숙해지고, 또래관계를 만들어 가는 데 많은 장애를 가져오게 된다. 이는 어려움에 처한 개인이 지역사회 도움을 신속하게 지원받지 못하는 근본적인 원인이 되는 것이다.

사업실패, 실직이라는 개인적 불행이 노숙과도 같은 주거지 불안의 주요 원인으로 작용하기도 하고, 가족해체로 이어지기도 한다. 한 개인의 노숙생활은 빈곤을 전제로 하지만, 빈곤이 모두 노숙으로 이어지지는 않는다. 노숙이 발생하기 위해서는 빈곤과 함께 주거 상실이 발생해야 하기 때문이다.

갑작스런 위기가 바로 주거의 상실로 이어지면서 노숙에 진입하는 경로를 보여 줄 수도 있겠지만 대부분의 경우에는 가족들의 도움으로 어려움을 견디어 나가기도 한다.

가족의 도움으로 만들어진 주거안정은, 삶의 재기의지를 가지고 다시 살아갈 수 있느냐가 정해지는 핵심요인으로 작용한다.

만일 경제적 어려움이 계속된다면 삶의 과정에서 심각한 스트레스를 경험하겠지만, 그것을 견뎌 낼 수 있는 힘은 가족, 친척 등 주변으로부터 얻는 격려와 관심일 것이다. 가족들을 만나서 수다를 떨고, 술을 한 잔씩 하거나, 노래방을 가고, 등산을 가는 등 가족들과 만나면서 스트레스를 풀고, 기분을 전환하고, 힘든 마음을 위로받을 때, 견뎌내고 다시 자신을 추스를 힘을 얻을 수 있는 것이다.

정신적인 어려움에 도움을 받을 수 있는 가족, 친척의 자원이 부족하고, 물질적, 시간적인 여유도 없다면 마음을 스스로 다잡기 위한 노력도 할 수 없을 것이며 가장 중요한 삶의 목표를 세울 수도 없을 것이다.

저자가 가족에 대해 어려운 환경을 경험할 수 있다는 가정을 가지고 이런 이야기를 하는 것은 우리 모두가 이러한 상황을 갑작스럽게 경험할 수도 있기 때문이다.

만일 경제적으로 어려운 위기가 온다면, 우리는 이전까지는 중산층으로 살던 사람들이었기에 현실을 수용하기 위해 겪는 심리적 고통은 더욱 크다는 데 문제가 있다. 또 다른 문제로 자본주의 사회에서는 교육, 문화, 의료, 여가 등이 필수요건으로, 이를 누리기 위해서는 일정한 경제적 능력이 있어야 하는데, 이러한 것이 충족되지 않아 더 큰 빈곤을 경험할 수 있기 때문이다.

자녀들은 부모 눈치를 보며 갈등하게 되고, 혹여 깨질지도 모를 부모의 결혼 생활을 붙잡아 주어야 한다는 압박감에 시달릴 수 있다. 가족은 가족구성원들과 함께 살아가는 삶을 추구하고 공동체 속에서 동질감을 느끼며 타인들과 함께 살기를 원하는 동시에 그렇게 살아가야 하는 것이다. 또한, 삶에 대한 꿈과 희망으로 기대감을 가지고 가족이 처해 있는 상황에서 새로운 계획을 세우고 함께 어려움을 견디며 하루하루를 살아가는 것이라 하겠다.

가족은 미래의 목적에 초점을 두어야 한다. 가족구성원들은 가족이 처한 상태의 심각성에 대해 잘 알고 있기 때문에, 좌절하고 절망에 빠질 수 있는 가족구성원들을 서로의 긍정적인 지지로 현재 처한 상황이 "가망이 거의 없을 것 같을지라도, 나는 할 수 있다"는 확신을 갖는 용기를 만들어 낼 수 있기 때문이다.

만일 아버지로서의 역할을 하다가 실직이나 사업부도 등으로 가장으로서의 역할을 수행하지 못하게 되면 가족에게 대한 미안함, 그리고 체면 손상, 경제적 압박감과 같은 감정들이 표출될 수 있다. 그 표현과 감정들을 열거하면 다음과 같다.

가장으로서의 체면 손상, 아버지로서의 위치를 상실한 피해의식, 부인이 혼자 가정 수입을 책임지는 것에 대한 미안함, 가장의 책임을 지켜야 한다는 압박감에서 오는 중압감, 가장으로서 역할을 제대로 못 했다는 것과 자녀들에게 고통을 주었다는 죄책감, 가장으로서의 책임감을 다하지 못하는 심리적 불안, 아이들에게 공부 하나 제대로

시켜 주지 못하는 아버지로서의 슬픔, 아이들 진로와 교육문제에 대해 고민, 가장으로서 책임감 통감, 가장 역할을 하지 못하는 것에 대한 창피함 등이 실직 가장의 복잡한 심리적 단면이라 할 수 있다.

결국, 가족의 가능은 만일 사회구성원으로서 부적응을 경험하고 있는 가족구성원이 있다면 그를 위해, 정서적 회복을 위한 지지가 필요하다. 정서적인 회복력은 잘 알려지지 않은 강한 잠재력이다. 가족들의 노력들이 역경을 극복하기 위한 기초가 되어 정서적 회복력을 갖게 하는 원동력이 되어야 한다.

즉, 가족의 지지를 통해 가족의 소중함을 알게 하는 실천목표에 집중하게 함으로써 보다 강한 사람으로 다시 태어나게 하도록 하자. 이를 실천하기 위한 방안을 제언하면 다음과 같다.

첫째, 역경에 처했을 때 스트레스를 최소화시키기 위해, 당면한 문제를 재해석하기 위해 사회적인 비교판단을 하거나 반사실적인 사고를 하여야 한다. 하지만 스트레스를 혼자만의 노력으로 극복하는 건 매우 힘들다. 자신의 상황에 대해 긍정적으로 해석할 수 있는 방법을 찾아내는 것이 유익하다.

둘째, 주위에 스트레스를 덜어 줄 수 있는 사람이 있다면 효과적일 것인데 그것이 가족이다.

셋째, 폭넓은 교제를 통해 만난 친구들에게 심한 스트레스 원인에 대해 숨김없이 말하면 스트레스를 줄이는 효과가 있다. 하지만 친구들과 우정을 유지한다 해도 대화가 없이는 스트레스를 줄일 수 없다. 사람들과의 교제는 사람이 역경에 대응하는 데 도움이 된다.

넷째, 의사소통을 위한 노력이다. 다른 사람과 의사소통을 하는 것은 대단히 중요하다.

다섯째, 부모로 산다는 것에 대한 인식의 깨달음이 중요하다. 자녀와 부모와의 관계는 위기를 극복하고 일시적이고 기분에 근거한 행복과, 의미 있고 목적의식이 분명한 행복에는 차이가 있는 것을 알아야 한다. 자녀를 키우는 것은 부모들에게 보통 때보다 훨씬 더 크고 부정적인 기분을 경험하게 할 수도 있지만 강한 의미와 목적의식을 부여하기도 한다.

여섯째, 역경에 대비하는 것은 의미 있는 일이다. 하지만 질병과 장애와 같은 역경이 갑자기 닥친다면 피할 수가 없다. 게다가 대부분의 사람은 언젠가는 심각한 질병 또는 장애를 앓기 마련이다.

일곱째, 행복은 자발적으로 목표를 추구하느냐, 외부적인 동기에 의해 추구하느냐에 따라서 좌우된다. 이상적인 목표와 당연히 이루어야 할 목표 중, 어떤 것을 위해 노력하느냐에 따라서도 좌우된다. 사람은 기쁘고 의미 있는 목표를 추구할 때, 행복을 느낀다. 그러나 많은 사람들은 자신이 어떤 목표에 맞추어 살아가고 있다는 사실을 의식하지 못한다. 그렇다면 역경은 어떤 면에서 사람을 행복하게 할 수 있을까? 역경은 진정으로 하기 원하는 것, 다시 원래의 삶의 모습으로 돌아가기를 원하는 것 등이 이루어질 때 경험할 수 있다.

2절 가정폭력

가정폭력은 가부장적 문화나 경제적 빈곤 등 여러 가지 요인에 의해 발생한다. 가정폭력은 가정 내에서 이뤄지며, 전 세계의 가정 안에서 수시로 일어나는 신체적, 정서적, 성적 폭력 등은 이를 경험한 가족들에게 외상을 남긴 채 평생 불행한 삶을 살게 한다.

과거 우리나라는 오랫동안 공권력이 가정 내부로 들어가지 않는다는 말로 가정 내의 폭력은 가정 내부의 문제, 가족구성원 사이의 문제라고 치부하며 외면해 왔다. 그러나 1990년대 초부터 여성인권단체를 중심으로 국가, 사회의 개입을 요구하는 노력이 있었고 1997년 12월 31일 「가정폭력방지 및 피해자 보호 등에 관한 법률」, 「가정폭력 범죄의 처벌 등에 관한 특례법」이 제정되면서 가정폭력을 사회적 문제로 다루기 위한 제도적 개입의 근거를 도입하였다.

부부나 커플 사이에 발생하는 가정폭력은 '가족이 아닌 지인 혹은 모르는 사람에게 당하는 일반 폭력'과는 다른 맥락에서 해석된다. 가정폭력과 일반 폭력과의 차이점을 살펴보면 다음과 같다.

첫 번째로 가정폭력의 경우 가해자보다 피해자가 비난받는 특징을 갖는다. 즉, 피해자의 잘못이 선행되었기 때문에 폭력이 발생했으며 '맞을 만하니 맞는 거라고' 하는 편견을 동반한다는 것이다. 두 번째로는 가정폭력은 사적 영역의 특수성을 가지며 가족 밖에서 발생하는 폭력보다 더 위험하고 치명적이라는 것이다. 세 번째로 가족은 폭력이 발생해도 일상의 공간을 공유하며 가해자를 피하거나 안전한 거리를 확보하기 어렵다는 것이다. 가해자와 피해자를 분리하는 데 어려움을 가지게 된다. 분리한다 해도 피해자의 안전보다는 남아 있는 가족을 걱정해 다시금 제자리로 돌아가려는 심리적 부담감을 갖기 쉽고 안전하게 분리조치를 시키더라도 가해자가 들어와 버티기라도 하면 그냥 받아들이는 경우가 종종 있어 재폭력의 위험에 노출되기 쉽다는 것이다. 네 번째로 목격자의 확보가 어려운 특징을 가지고 있다. 가정폭력의 경우 사적 영역에서 은밀하게 발생하여 목격자 확보가 어렵다. 피해자로서는 목격자가 없으므로 사실을 이야기해도 믿어 주지 않을 것이고, 고발한다는 것 자체가 두려움으로 작용할 수 있다. 최근에는 진료기록서, 사진, 개인적 기록 등을 이용하여 증거를 수집하여 폭력이 이루어졌음을 증명할 수 있다. 다섯 번째로 일반 폭력이 일시성을 가지는 것에 반해 가정폭력은 반복성을 가지고 지속 되며 시간이 지날수록 폭력의 강도가 증가하는 특성을 가진다.

3절 학대

1. 학대의 개념

학대는 아동의 건강한 성장과 발달을 위협하며 이후 성인기의 삶에도 부정적인 영향을 미치고 아동 자신은 물론 가족과 사회 그리고 국가의 안녕에도 심각한 결과를 초래하기 때문에 우리나라는 물론 세계적으로도 심각한 사회문제로 간주되고 있다.

학대의 개념은 대상과 특별한 관계에 있는 자 등이 대상에 불필요한 고통을 주거나 가혹하게 대우하는 형태를 말한다. 종종 욕설(abuse)이나 방치(neglect)라는 일반적인 용어로 사용되기도 한다(네이버 백과사전).

우리나라는 2000년 「아동복지법」을 개정하고 전국에 아동보호 전문기관을 설치하여 국가적으로 아동학대의 조기발견과 개입에 노력해 왔으나 경제적인 어려움이나 가족해체 등으로 인해 아동학대 피해 사례는 해마다 증가하는 추세이다. 아동보호전문기관에서 피해 아동을 보호한 사례는 2001년 2,015건에서 2012년 6,403건으로 지난 12년 동안 4,388건이 증가한 것으로 나타났다(보건복지부, 2013).

2018년 아동보호전문기관에서 집계된 아동학대 전체 신고접수 건수는 총 36,417건으로 전년 대비 약 6.6% 증가했다. 이 중 응급아동학대의심사례는 1,187건, 아동학대의심사례는 32,345건으로 총 아동학대의심사례는 전체 신고접수의 92.1%로 나타났으며 이 외 동일 신고는 420건(1.2%), 일반상담은 2,464건(6.8%)이었다.

1) 광의의 학대 개념

광의의 개념으로 자유를 박탈하는 행위, 아동·청소년 성장 발달을 저해하는 행위, 방임의 조건과 제도를 모두 포함하여, 가정 내에서뿐 아니라 사회제도, 환경에서 행해지는 모든 범위가 포함되었다(김혁돈·손지아, 2018). 이는 건강 및 복지를 해치는 행위가 아동·청소년 발달상의 욕구 충족에 실패한 모든 환경을 학대로 보고 신체학대, 정서학대, 성학대, 방임(유기)을 포함하여 현재 저해하고 있는 모든 영역상의 손상을 의미하고 있다(도미향 외, 2018).

2) 협의의 학대 개념

협의의 개념으로 학대는 비신체적 학대의 규정과 범위보다 용이하고 외관적 검증에 의존하여 법적 증거자료제출 및 학대에 대한 사후처리개입이 편리하나, 학대에 대한 판정과정에서의 행위자 처벌에 대한 모호한 점이 많아 보호체계의 운용이 단순화될 수 있으며, 비신체적 학대를 포괄하지 못하여 고의적인 것과 우발적인 것을 구분하는 데 문제를 가져올 수 있다(이세원, 2018).

「아동복지법」 제3조 제7호에서는 아동학대를 "보호자를 포함한 성인에 의하여 아동의 복지를 해치거나 정상적 발달을 저해할 수 있는 신체적, 정신적, 성적폭력 혹은 가혹행위로 보호자에 의하여 이루어지는 방임 및 유기"라고 규정하였다. 즉, 아동에 대한 신체적 가해행위뿐 아니라 정서적 학대, 언어적 폭력, 성적인 괴롭힘 등으로 아동의 발달을 저해하는 환경, 부모의 불화, 애정결핍, 가정폭력의 노출도 해당되며, 나아가 아동의 권리 침해까지 포함하게 된다.

3) 학대의 분류

「아동복지법」에서는 보호자를 포함한 성인이 건강과 복지를 해치거나 정상적 발달을 저해할 수 있는 행위를 학대라고 명시하고 있다. 유형을 살펴보면, 「아동복지법」 제3조 7호에서는 신체학대, 정서학대, 성학대, 방임 및 유기의 네 가지 유형으로 분류하고 있다.

(1) 신체학대

신체학대는 보호자뿐만 아니라 성인이 영유아 · 아동 · 청소년에게 고의적으로 신체적 손상을 입히거나 신체적 손상을 입도록 허용한 모든 행위를 말하며, 생후 36개월 이하의 영아에 가해진 체벌은 이유를 막론하고 모두 신체적 학대에 해당된다.

신체학대의 예

- 구체적으로 설명하면 손, 발 등으로 때리거나 꼬집고 물어뜯거나 조르고 비틀어서 할퀴는 행위 등 직접적으로 신체에 가해지는 행위,
- 도구로 때리거나 흉기 및 바늘이나 포크, 이쑤시개 같은 뾰족한 도구로 신체에 손상을 주는 행위,
- 힘을 사용하여 강하게 흔들거나 신체 부위를 묶거나 벽에 밀어붙이는 행위, 약물이나 화학물질로 신체에 해를 입히거나 화상을 입히는 행위 등을 의미한다.

출처: 보건복지부(2017).

(2) 정서학대

정서학대란 보호자를 포함한 성인이 영유아 · 아동 · 청소년의 건강 또는 복지를 해치거나 정상적 발달을 저해할 수 있는 정신적 폭력 또는 가혹한 행위를 하는 것으로 부모를 포함한 성인이 아동에게 언어적 모욕, 정서적 위협, 또는 감금이나 억제를 비롯한 가해적인 행동을 말하며 언어학대, 정신적인 학대, 심리적인 학대가 이에 포함된다 (보건복지부 · 중앙아동보호전문기관, 2017).

정서학대의 예

- 원망적, 거부적, 적대적, 경멸적인 내용이 있는 언어를 사용하는 행위.
- 일부러 잠을 재우지 않는 행위, 연령에 상관없이 벌거벗겨 내쫓는 행위, 형제나 친구 등과 비교하고 편애하며 차별을 하는 행위.
- 가족 안에서 감정 등을 무시하거나 모욕을 주는 행위.
- 부부싸움을 하거나 배우자를 때리는 행위.
- 가정폭력을 자주 목격하도록 하는 행위.
- 버리겠다고 협박하거나 짐을 싸서 집 밖으로 쫓아내는 행위.
- 미성년자가 출입할 수 없는 업소에 데리고 다니거나 미성년자에게 또 다른 학대를 강요하는 행위.
- 보호자의 종교를 강요하는 행동, 연령에 부적절하고 과도한 일을 시키는 행위도 정서학대에 포함된다.

출처: 보건복지부(2017).

(3) 성학대

성학대란 보호자를 포함한 성인이 자신의 성적인 만족을 위해서 영유아 · 아동 · 청소년의 정상적 발달을 저해할 수 있는 성적 폭력 등의 가혹행위를 하는 것으로 정의하고 있다(보건복지부 · 중앙아동보호전문기관, 2017). 또한, 성인의 성적인 신체부위접촉, 성관계 맺기 등, 사회적인 금기에 위배되는 성적인 활동을 하는 것을 성학대라고 한다.

성학대의 예

- 관음적 행위나 성관계 장면을 노출시키는 행위, 옷을 다 벗거나 성기노출 또는 자위행위, 음란물을 노출시키는 행위,
- 자신의 성적 만족을 위해서 영유아 · 아동 · 청소년을 살펴보거나 성적인 노출을 하는 행위,
- 구강성교, 항문성교, 성기삽입을 하는 행위, 성매매를 시키는 행위 등을 성학대에 해당한다고 제시하고 있다.
- 성학대는 보고가 잘 되지 않는 학대 유형에 속하는데, 그 이유로는 성학대를 증명하기가 어렵고, 진술에 신빙성이 떨어지며, 친인척의 성학대의 경우에는 다른 가족구성원이 진술하지 않는 경우가 많고 사실을 알리지 못하게 하는 분위기가 팽배하기 때문이다.
- 결국 성학대는 조기발견이 어려우며 발견이 늦어지는 관계로 대처 및 해결에 어려움이 따른다.

출처: 보건복지부(2017).

다함께 생각해 보기

1. 결혼생활에서 만날 수 있는 위기 중 경제적 위기가 온다면 가족구성원은 어떠한 역할을 해야 할까요?

2. 가정폭력 피해를 입은 가족구성원들을 위한 사회복지 정책 방안은 무엇일까요?

3. 학대와 방임의 개념을 구분하여 정리해 봅시다.

CHAPTER 06

가족의 건강성과 부부 의사소통

1절 가족건강성의 개요
2절 레질리언스
3절 부부 의사소통

Chapter 06

가족의 건강성과 부부 의사소통

최근 수십 년간 가족과 가족을 둘러싼 환경은 급속한 변화를 경험하고 있다. 가족의 구조와 생활주기 패턴이 다양해지고 가족 내 성역할의 변화에 따라 사회의 가족은 다양한 문제를 경험하고 있다. 이러한 가운데 개별 가족의 문제는 그 가족만의 문제로 끝나지 않고 심각한 사회 문제로 대두되고 있으며 이에 가족의 건강성에 대한 의심이 고조되고 있다.

가족건강성(family strength)은 신체, 정서, 사회적으로 가족의 건강한 정도를 의미하는 것으로 가족의 구조나 형태보다는 가족의 기능과 심리사회적인 측면을 강조하는 개념이다(Eo, 1997; Olson & Defrain, 2003). 우리나라의 경우는 2004년 「건강가정기본법」의 제정을 계기로 활발한 연구가 이루어지고 있다.

한 개인은 타인과 정서적 친근감과 유대감을 형성하고 유지할 수 있는 동시에 개별성과 자율성도 발달된다. 반면, 가족 분화 수준이 낮은 가족은 가족 내의 연결성과 분리성에 대한 균형을 이루지 못하는 가족은 분리성 없이 연결성만 보이거나 극단적인 상호작용 유형을 지니게 된다(Allison & Sabatelli, 1988). 특히 부부간의 의사소통은 남편과 아내가 언어적, 비언어적인 방식을 통해 정보와 의사를 교환하고 서로의 행동에 영향을 미치는 과정이다. 부부간의 상호 지지적이고 효율적인 의사소통은 서로를 이해하고 수용하며 원만하고 친한 부부관계를 유지하는 데 중요한 역할을 하며(Noller & Fitzpatrick, 1990), 이는 더 나아가 가족 전체의 기능이나 건강성을 결정짓는 중요한 역할을 한다.

부부간에 분명하고 개방적이며 효율적인 방식으로 의사소통하는 부부는 행복하고 건강한 결혼생활을 유지하는 반면, 공감이나 경청, 배려 등의 긍정적인 의사소통 기술이 부족하거나 불충분하고 불분명한 의사소통을 많이 하거나 제3자를 통한 간접적인 의사소통을 하는 부부들은 관계에 어려움을 많이 겪는 것으로 나타났다(Jacobson & Magolin, 1979). 부부간의 의사소통은 부부 각자가 자라 온 사회·문화적 배경, 경제적 배경, 가족 배경에 영향을 받는다. 특히 부부는 각자 성장환경이 다른 원가족에서의 가족체계 경험을 통해 자신의 고유한 의사소통 방식과 상호작용 패턴을 터득하며 이와 유사한 방식으로 배우자와 의사소통하고 상호작용하게 된다. 이러한 과정에서 각자의 의사소통 방식이나 습관 혹은 역기능인 의사소통 방식은 부부 사이에 오해와 갈등을 가져올 수 있으며 이로 인해 부부는 서로에 대해 부정적인 감정을 갖게 되고 부부관계가 악화되는 결과를 가져올 수 있다(Kieclt-Glaser & Newton, 2001). 친한 부부는 자기 개방적이고 지지적이며 효율적인 의사소통을 하며 이러한 의사소통은 서로에 대한 이해와 신뢰를 증가시키고 감정적인 교류가 가능하도록 한다.

1절 가족건강성의 개요

1. 가족건강성의 개념

가족건강성(family strength)은 가족의 건강한 정도를 의미하는 것으로 연구자들에 따라 그 개념과 특성이 다양하게 정의되어 왔다. 오토(1963)는 강한 가족(strong family)이라는 개념을 통해서 긍정적인 가족 정체감을 형성하고 가족구성원 간에 만족스런 상호작용을 증진하며 가족의 개인 잠재력을 격려하는 특성을 지닌 가족이 건강하다고 정의하였다. 올슨 등(Olson, Russell, & Sprenkle, 1983)은 건강한 가족을 균형 잡힌 가족(balanced family)으로 정의하였으며 가족의 응집성과 응집성이 극단으로 치우치지 않고 균형을 이룬 상태에서 가족의 기능이 가장 효율적으로 이루어진다고 하였다. 그 외에도 월시(Walsh, 1998)는 회복력이 있는 가족(resilient family)으로, 비버스(1977)는 최선의 가족(optimal family) 등으로 지칭하면서 건강한 가족을 정의하였다.

2. 가족건강성에 영향을 미치는 요인

1) 가족분화

가족분화(family differentiation)는 앤더슨과 사바텔리(1992)가 가족구성원들 간의 상호작용을 연구하기 위해 제안한 개념으로 가족 상호작용에 있어 연결성과 분리성의 균형을 의미한다. 연결성은 정서 단절(emotional cut-off)과 반대되는 개념으로 의미 있는 타인과 정서 유대감을 유지하는 능력을 의미하며, 분리성은 정서 융합(emotional fusion)과 반대되는 개념으로 의미 있는 타인과 구별되는 자아를 유지하는 능력을 의미한다(Bowen, 1978).

보웬(Bowen, 1978)은 중요하게 분화가 이루어진 가정에서 성장한 개인들은 배우자의 요구에 민감하게 반응하며 이러한 상호작용 패턴은 배우자의 불만족을 감소시키고 배우자와의 유대감과 친밀감을 향상시킨다고 하였다.

2) 부부 의사소통

의사소통은 가족건강성의 핵심으로 건강한 가족은 분명하고 상호지지적인 방식으로 의사소통하는 가족이다. 부부는 가족체계의 핵심으로 이들의 의사소통 방식과 질은 친밀한 부부관계를 형성하고 유지하는 데 중요한 영향을 미치며 나아가 가족의 행복이나 건강성과 관련되는 중요한 요소이다. 부부간의 원활한 의사소통이 결혼의 질과 중한 관계가 있어 부부간에 자기표현이 빈번하고 비언어 의사소통이 정확하며 감정이입이 많을수록 결혼의 질이 높아질 것이다.

3) 부부 친밀감

친밀감은 크게 행동의 한 특성, 개인 능력이나 성향으로서의 특성, 그리고 인간 상호작용의 부산물로서의 특성 등 세 가지 측면으로 정의될 수 있다(Moss & Schwebel, 1993). 부부친밀감은 이 세 가지 정의 인간 상호작용의 부산물로서의 특성으로 이해하는 것이 적합하다.

첫째, 행동의 한 특성으로서 부부관계에서 경험하는 친밀감의 정도는 부부의 결혼만족도와 안정성에 영향을 미치며 이는 더 나아가 가족 체계의 건강성에 영향을 미치게 된다(Diener, 1984). 부부친밀감의 결여는 다양한 부부문제와 스트레스를 유발하여 사회·심리 부응, 우울증, 정서장애 등을 야기하게 되며(Costello, 1982; Reis et al., 1985), 중요한 이혼사유가 된다는 것을 알 수 있다(Moss & Schwebel, 1993; Waring, 1984). 원 가족에서 정서 융합이나 단, 삼각화를 경험한 사람들은 자아분화 수준이 낮고 가족관계에서 많은 갈등과 스트레스를 경험하며 우울, 불안 등의 심리 부적응을 겪는 경우가 많다. 또한 이들은 가족투사과정을 통해 원 가족에서 경험한 병리적인 상호작용방식을 핵가족에 수하게 되며 이는 세대를 거쳐 반복되는 경향이 있다. 반면, 원가족에서 중요한 균형의 연결성과 분리성을 경험한 사람들은 보다 더 친밀하고 애정적인 가족관계를 경험하고 타인들과 분화된 자아를 형성하며 자율적으로 사고하고 행동하는 경향을 보인다. 이들은 높은 수의 원 가족 가족분화경험을 통해 가족 타인과 바람직한 관계를 형성하고 정서적인 유대감을 유시하며 심리사회적으로 잘 적응하여 궁극으로는 건강하고 행복한 가족을 형성하고 유지할 수 있게 된다. 이 처럼 병리적인 상호작용뿐만 아니라 이러한 건강한 상호작용 방식도 세대를 거쳐 수정된다는 점을 고려할 때, 원 가족에서의 가족분화경험은 기혼여성이 결혼 후 형성한 핵가족의 상호작용 건강성에 중요한 영향을 미칠 것으로 사료된다.

둘째, 개인 능력이나 성향으로서의 특성으로 핵가족의 건강성에 직접적으로 유의미한 영향을 미칠 뿐만 아니라 부부의사소통과 부부친밀감을 통해 간접적으로도 영향을 미치는 것으로 나타났다. 가족분화 수준이 높은 원 가족에서 부모-자녀 간에 친하면서도 자율성과 독립성이 유지되는 방식으로 의사소통하고 상호작용하는 것을 경험한 기혼여성은 이와 유사한 방식으로 긍정적이고 효율적으로 남편과 의사소통을 하게 되며 이러한 의사소통 방식은 부부친밀감을 향상시킬 수 있으리라 생각 된다.

셋째, 인간 상호작용의 부산물로서의 특성으로 부부 사이에 개방적이고 효율적으로 의사소통할 때 서로를 더 잘 이해하고 수용할 수 있으며 정서적이고 애정적인 관계를 유지할 수 있다. 건설적이고 효과적인 갈등 문제 해결을 위해서 부부는 효과적이고 지속적으로 의사소통을 하도록 노력해야 한다. 부부 사이에 비난, 방어, 경멸하거나 상호 회피하는 등의 행동의 부정적이고 비효율적인 의사소통이 지속될 경우 부부 사이의 친밀감이 약해지고 갈등이 심화되며 더 나아가 이혼과 같은 가족해체 상황을 야기하게 된다. 바람직한 부부간의 의사소통은 부부친밀감을 향상시키며 향상된 부부친밀감은 건강하고 행복한 가족 기능의 원동력이 된다.

결론적으로, 첫째, 원가족에서의 가족분화경험은 기혼여성이 지각하는 가족건강성에 직·간접적으로 영향을 미치는 중요한 요인이다. 둘째, 바람직하고 긍정적인 부부 의사소통은 부부 친밀감을 향상시키며 부부간의 향상된 친밀감은 건강하고 기능적인 가족의 원동력이 된다. 셋째, 기혼자에게 있어 원가족의 경험은 핵가족의 상호작용과 건강성에 지속적으로 중요한 영향을 미치지만, 부부간의 긍정적이고 바람직한 의사소통과 친밀한 관계를 통해 혹시나 있을 수 있는 원가족의 병리적이고 부정적인 영향을 감소시킬 수 있을 것으로 생각된다. 따라서 부부의 의사소통을 향상시키고 친밀한 관계를 유지할 수 있는 부부 상호 간의 교육과 프로그램이 지속적으로 연구되어야 할 것이다.

2절 레질리언스

건강한 가족을 유지하기 위해서는 레질리언스(resilience)의 개념을 이해함에서 출발하는 것이 바람직할 것이다. 레질리언스는 상황적 요구에 알맞은 융통성과 문제해결 책략을 동원할 수 있는 능력일 뿐만 아니라 자신이 처한 어려운 상황이나 위기를 성공적으로 극복하는 개인의 과정과 능력을 의미한다. 또한, 자아탄력성은 환경에 따른 스트레스, 역경 혹은 위험에도 불구하고 행동적, 정서적 문제를 보이지 않고 건강하게 적응해 가는 아동들을 설명하기 위해 구성된 심리학적 개념이다.

탄력성의 사전적 의미는 '다시 되돌아오는 경향', '회복력', '탄성'이며 역경이나 어려움 속에서도 그 기능을 수행하며 이전의 적응수준으로 돌아오고 회복할 수 있는 능력을 의미한다.

1. 레질리언스의 개념

레질리언스는 존재하는(Being) 것과 되어 가는(Becoming) 과정을 의미하며 당사자 본인의 경험이라는 점에서 자신을 삶을 능동적으로 가꾸어 나갈 수 있는 능력이 있는 존재로 여긴다(전수미, 2014). 회복의 원칙은 자기-지시적이며 당사자 스스로에게 역량을 부여하고 회복을 위한 계획과 실행 평가를 통해 회복해 나가는 것이다.

회복의 목표는 정상적인 사회구성원으로 활동하는 것이라 할 수 있다. 삶 속에서 끊임없이 스트레스 상황에 노출되더라도 모든 사람들이 부정적 생활사건이나 일상적

스트레스를 견디지 못하고 심각한 부적응 상태에 빠지는 것은 아니다. 레질리언스는 그 어려움을 견디어 내고 새로운 삶을 살아가게 하는 원동력의 개념이다(김수안 외, 2001).

이 개념은 자신이 당면한 역경과 어려움을 도약의 발판으로 삼는 힘으로 학문적으로는 '정신적 저항력'을 의미하고(신우열 외, 2009) 앞으로 닥칠 어려운 역경을 예방하는데 긍정적인 영향을 미치는 것이다. 즉, 개인이 어려운 역경에 직면해서도 극복이 가능하고 적응적인 기능을 수행할 수 있다는 관점으로 보는 것이다(김희경, 2010).

2. 레질리언스의 기본요인

레질리언스가 낮은 사람은 스트레스 상황에서 경직되고 고집을 부리거나 혼란스러워하거나 산만해져 적응을 하지 못하고 자신의 실수나 역경을 회피하려는 성향이 매우 높지만, 레질리언스가 높은 사람은 설령 실수를 하더라도 그로부터 피드백을 적극 받아들이는 습관이 들어 있다(이명훈, 2016).

알코올중독자의 예를 들면, 스트레스에 대해 일반인들보다 더 민감하게 반응하고, 영향도 많이 받기 때문에 더 쉽게 다시 음주를 하게 된다(박병선 외, 2011).

음주만이 유일한 취미이며 그렇지 않은 사람에 비해서 인지, 행동, 정서면에서 많은 문제를 가지므로 회복에 있어 사회적 지지가 중요한 요소가 된다(한미영, 2003).

자아탄력성에 영향을 미치는 보호 요인들을 규명하면 다음과 같다.

첫째, 개인적 수준에 해당하는 보호 요인들은 활동적인 기질, 성별, 연령, 사회적 기술, 지능, 자기효율성, 유머, 타인에 대한 매력, 공감 능력 등이다.

둘째, 따뜻하고 지지적인 부모, 좋은 부모 자녀 관계, 부모의 화합 등이다.

셋째, 가족 외의 사회적 관계망에 해당되는 보호 요인들로 가족 이외의 사회적 지지는 개인의 대처 능력에 영향을 미치는 중요한 변수가 된다.

넷째, 자신들에 닥친 사건들에 대해 긍정적이면서도 개관적이고 정확한 스토리텔링을 할 수 있는 능력이다. 부정적인 스토리텔링은 '나에게만 일어난 일인가? 아니면 이번에만 어쩌다 그런 것인지, 나만, 언제나, 항상 다 그런가?'라는 식으로 생각하고 그 의미를 축소해서 받아들인다. 회복탄력성이 높은 사람은 이와 반대로 나쁜 일은 덤덤하게 그 의미를 축소하고, 좋은 일에 대해 일반화해서 받아들인다.

다섯째, 대인관계 능력이다. '자기 자신과 타인을 얼마나 동일시하는가?' 하는 태도에 달려 있는 관계성은 긍정적 지지를 해 주면, 긍정적 정서가 높아지고 자아 확장력이 높아져 관계 맺기에 적극적이 된다(김주환, 2001).

3. 레질리언스 구성

레질리언스는 위험에 직면하였을 때 이를 극복할 수 있는 가족의 회복력을 강조하며 구성요인은 학자마다 다양하게 제시하고 있다.

코웬과 헤더링턴(Cowen & Hetherington)은 응집력, 유연성, 공개적 의사소통, 문제해결과 신념체계 확신으로, 매커빈(McCubbin)은 가족형태, 가족쉐마, 가족자원, 가족기능, 사회적 지지, 문제해결과 대처 싱어와 파워(Singer & Power)는 유연한 의미 해석,

균형 잡힌 대처, 유연한 상호의존으로 월시는 신념체계, 가족응집력, 의사소통 과정으로 제시하였다(신준옥, 2013).

1) 신념체계

신념체계는 가족기능의 핵심이며 레질리언스의 강력한 힘으로, 위기를 당한 당사자에게 응집력을 제공하고 당면한 문제에 대처하는 행동에 영향을 미친다. 그리고 당면한 역경에 의미를 부여하는 것은 위기극복 후의 삶을 어떻게 살 것인가에 대해 새로운 비전과 목적을 가지고 변화할 수 있도록 돕는다.

역경을 잘 이겨 내면 가족구성원과 주위 사람 사이에 믿음과 신뢰가 생기고, 과거에 어려운 역경을 극복한 경험 또한 현재 당면한 역경을 견디어 내는 데 큰 자신감을 줄 것이다. 역경에 대한 긍정적 시각은 인내, 격려와 용기, 소망을 주며, 위기나 실패를 도전으로 보고 더 강해지는 데 도움을 준다.

2) 조직유형

가족의 조직유형은 가족 단위의 통합을 지지하고 관계를 정의하고, 행동을 규제하는 신념체계에 의해 강화된다. 이에 조직유형이 어떻게 가족체계에 영향을 미치는가를 각각의 하부개념을 통해 이해하는 것이 중요하다.

첫째, 역할 안정성 및 융통성은 가족생활주기의 주요한 전환점이나 경제적 어려움, 가족갈등, 기타 어려움 등 혼란의 시기에 중요하며, 위기상황에 대해 대처하기 위한 역할 변화에도 필요하다. 레질리언스가 있는 가족은 가족 간의 역할 분담을 통해 위기나 스트레스 상황에서 기능적으로 대처할 수 있다.

둘째, 연결성은 가족 간의 역할과 지지, 협력하는 능력을 말하며 지지적인 가족은 함께 시간을 공유하고 의사결정하며 서로 지지한다.

셋째, 사회, 경제적 자원은 가족외부의 자원을 동원하고 활용하는 것으로 확대가족, 친척의 지지를 포함하여 지역사회 지지망을 확립한다(홍정애 외, 2016).

3) 의사소통 과정

의사소통은 사회경제적, 실질적, 도구적, 문제해결과 관련한 모두를 포함하는 정보의 교환으로 가족기능에 필요하며 명료성, 개방적, 정서표현, 상호협력 문제해결 등 세 개의 하위요인으로 구성되며 이러한 필요성은 역경의 시기 동안 더욱 확대되어진다.

첫째, 의사소통의 과정은 정보의 교환이라고 정의할 수 있으며(Walsh, 1998), 명료성(명확화)은 명확하고 일관성 있는 언행을 뜻하며 가족구성원이 침묵하거나 왜곡된 해석을 통하여 견디기 힘든 정보들을 감추고 보호하려고 한다면, 의사결정에 대한 장벽을 만들기 때문에 스트레스 상황에 대한 명료화는 중요하다.

둘째, 개방된 정서표현(감정표현)은 가족구성원들과의 관계에서 다양한 감정을 표현하게 하고, 자연스러운 감정과 욕구, 서로를 존중하는 사려 깊은 방식으로 표현한다. 이러한 개방적 의사소통을 위해서는 즐거움, 희망, 고통, 공포 등의 광범위한 감정을 공유할 수 있어야 한다.

셋째, 의사소통 과정의 마지막 구성요소인 상호 협력적 문제해결에 대해서, 기능적인 가족은 문제가 없는 가족이 아니라 갈등을 잘 조정하고 문제를 함께 잘 다루어 나가는 가족이다. 가족은 이러한 관용을 바탕으로 갈등회피가 아닌 직면을 통해 갈등과 문제를 다루고 해결하는 기술을 향상시킬 수 있다.

3절 부부 의사소통

1. 의사소통의 개념

의사소통이란 둘 이상의 사람들 간의 생각이나 감정, 느낌 등을 상호 교환하는 과정이다. 또 의사소통은 두 사람 간의 감정과 사고의 교류과정으로써, 의미를 창출해 내고 공유하는 과정이다. 사람은 누구나 의사소통을 통하여 다른 사람을 이해하고 자신을 정확하게 파악할 수 있는 기회로 삼으며, 사회 구성원으로서의 친밀한 인간관계를 형성해 나간다. 의사소통은 대화나 글자를 통한 언어적 요소는 물론이며 몸짓이나 자세, 접촉, 표정, 눈 맞춤, 억양, 목소리 등의 비언어적인 요소들까지 포함한다.

부부간 의사소통이 원만히 이루어질수록 양육스트레스가 삶의 질에 미치는 부정적 영향이 낮아지며 의사소통을 부정적으로 인식할수록 양육스트레스가 삶의 질에 미치는 부정적 영향의 정도는 높아졌다. 즉, 가족은 부부관계를 중심으로 자녀들과의 관계가 형성되며 가족 내의 다른 구성원들에 대한 역할과 관계를 재조정하게 된다. 더불어 협력적이고 원만한 부부관계나 부부간의 의사소통 수준은 어머니의 양육스트레스, 자녀와의 상호작용에 영향을 미치게 된다(이현지 · 박석돈, 2003).

특히, 남녀 간의 대화란 두 사람 이상이 말을 주고받는 것을 뜻한다. 말은 의사전달이어서 일방통행인 반면, 대화는 의사교환으로 양방통행이라 할 수 있다. 이처럼 대화는 상대방과의 관계 속에서 이루어지는 것이기 때문에 감정이 실리게 된다. 그 감정과 함께 남녀 성별에서도 대화의 다른 특성을 관찰할 수 있다. 남성의 대화 특성은 사실과 정보전달, 문제해결과 일에 초점을 둔다. 그리고 업적과 결과를 중요시하고 이성적 · 논리적 · 객관적이며, 질문을 간섭이나 참견으로 인식한다. 또한, 남성은 문제를 많이 생각하고 해결책을 제시하며 신뢰 · 인정 · 감사 · 격려받기를 원하고 경쟁심과 지배심이 중심이 된다.

여성의 대화의 특성은 개인적 관계와 감정적 지지, 공감에 초점을 두며 과정과 의견 나눔을 중요시한다. 감정적 · 비논리적 · 주관적이며 질문을 친밀감과 관심의 표현으로 인식한다. 대화 시 문제를 우선 말하고 이해받기를 원하며 관심 · 헌신 · 존중 · 공감받기를 원하며 친밀감과 대등한 관계가 중심이다. 이렇듯 남녀의 대화 특성을 이해하고 다름을 인정하는 배려가 필요하다.

2. 부부 의사소통의 이해

부부간 의사소통 중 효율적 의사소통을 하지 못하고 갈등해결을 하지 못하게 되면 배우자의 양육스트레스가 증가하고, 부부 의사소통의 정도를 더욱 떨어뜨리게 된다(이선화, 2019). 이 때문에 아내의 가정에서의 역할부담에 대한 불안을 덜 느끼게 하고 양육스트레스를 감소시키기 위해서는 가정 내 아버지의 역할이 중요하다. 부부간 의사소통이 원활하고 부부 사이가 긍정적일수록 어머니의 양육스트레스가 낮아져 부모역할 수행에 긍정적인 영향을 미치게 되는 것으로 볼 수 있다. 또한, 부부간 의사소통 중 효율적 의사소통은 아이가 학교생활을 적응하는 데 있어서 정서상태에도 큰 영향을 미칠 것이다.

자녀양육 측면에서도 남편과 아내가 협력하여 자녀양육에 대한 부부의 의견이 일치할수록 아내의 양육 스트레스가 적어질 것이다. 이를 해결하기 위한 노력으로는 우선 남성과 여성의 의사소통 방식의 차이를 이해해야 한다.

일반적으로 부부간의 의사소통에서 남편은 아내의 이야기를 잘 들어주지 못하고 대화를 주도하며, 상대방의 이야기를 중단시키고 주제를 바꾸는 경우가 있다. 아내는 남편과 많은 이야기를 하고 싶어 하고 자신이 하는 이야기를 남편이 잘 들어주기를 원한다. 그러나 아내는 자기표현 기술 부족으로 인하여 대화부족 경험을 더 많이 하게 된다. 여성은 개인적 관계를 위한 감정적인 지지와 공감을 얻기 위해 주관적인 대화를 하게 되므로 구체적인 경험을 세밀하고 상세하게 이야기를 한다. 어떤 문제가 있을 경우 남편이 자신의 이야기를 들어주고 자신의 입장을 이해해 주기만 해도 자신감을 얻고 문제를 해결할 수 있다. 그러나 남편은 문제해결책을 제시해야 한다고 생각하므로 해결되지 않는 감정문제만 되풀이하면서 여성의 감정을 고쳐 주려고 한다. 바로 이 점이 남성들이 가장 자주 범하는 잘못이기도 하다. 남성에게 대화란 문제해결책을 나누는 방법으로, 객관적 사실과 정보를 주고받는 것으로 생각하기 때문이다. 많은 남성들은 여성들이 자신의 문제를 이야기하며 공감해 주기 원한다는 것을 알아차리고 여성과의 대화에서 마음을 읽도록 노력해야 한다.

부부간의 의사소통에서도 남성과 여성의 방식에는 차이가 있다. 배우자의 자아를 근본적으로 존중한다는 것은 배우자의 존재를 받아들이고 가치를 부여해 주는 것으로, 존중을 나타내는 메시지는 배우자의 존재를 인정하고 배우자의 이야기에 적절히 반응하며, 배우자의 자아경험을 반영하고 수용하며 배우자와 기꺼이 관계를 맺고자 하는 것이다. 이를 위해서는 경청이 선행되어야 하며, 배우자의 느낌과 생각에 대해 수용하고 상호작용을 해 줄 수 있어야 한다. 또한, 부부의 성관계는 신체적 접촉 이상의 것이며 일종의 의사소통이다. 부부 두 사람 간의 성적 정체감, 상호욕구에 대한 지각, 성 표현에 담긴 메시지 등은 의사소통과 직접 관련이 있다. 즉, 의사소통이란 언어적 의사소통만을 의미하지 않는다. 침묵, 자세, 표정, 근육, 손놀림 등이 모두 표현된다. 따라서 상대방의 전달 의미를 정확히 파악하기 위해서는 충분한 시간을 갖고 전체의 의미를 파악하는 것이 좋다. 부부간의 대화 시간 및 대화 장소를 의도적으로 마련하도록 한다. 대화들의 동기가 되는 공통의 취미, 관심사, 정치, 경제, 문화 등에 대한 견해 등을 함께 나눈다(옥선화 외, 2006).

부부간 의사소통의 특징은 부부가 자신의 문제를 표현하는 데 있어 다양한 차원의 관계적 의사소통 문제로 나타나게 된다. 첫 번째, 부부간의 대화에서 남편은 일반적으로 평어를 사용하면서 자신의 주장이나 의견을 자연스럽게 독단적으로 표현하는 반면 아내는 남편의 의견에 수동적으로 자신의 시각을 제시하는 경우, 부부간의 대화는 상호 의사소통이라기보다는 일방적인 의사표현으로 전개되는 것이라 하겠다. 두 번째, 간접적 표현방식은 자신이 가지고 있는 의도를 명확히 표현하지 않으며 자기입장을 불분명하게 암시만 보내는 표현방식이다. 이러한 경우 상대방은 의도를 파악하기 힘들고 오해할 가능성이 높다. 세 번째, 부부간에는 무례한 표현방식이나 감정적인 표현방식이 나타난다. 갈등 상황에서 나타나는 표현들은 매우 감정적이고 비이성적이며 무례한 표현방식들로 더욱 상황을 악화시킨다. 네 번째, 배우자의 의견이나 생각에 대해 비난하거나 빈정거리는 표현들이 자주 나타남으로써 부부간 의사소통의 악순환을 초래하기도 한다. 대화의 논제를 벗어나 상대 배우자의 성격이나 능력에 촛점을 맞추게 되어 상대방이 방어적이고 소극적인 대화를 하도록 유도하게 되는 것이다. 다섯 번째,

대화를 회피하거나 중단하고 방관적인 방법을 사용하기도 한다. 이런 경우 부부간 대화시간이 매우 적으며 틀에 박힌 표현들을 자주 사용하게 된다. 이런 표현들이 반복되면서 상대방과 부딪치지 않기 위하여 대화를 중단하거나 말을 해도 소용없다고 체념하게 되어 부부간 의사소통이 불가능해진다. 여섯 번째, 대화주제의 선택과 친교적 대화소재 부족의 문제로, 부부는 많은 대화 소재에 대하여 공통적인 관심사가 다를 수가 있고, 남편과 아내는 서로가 싫어하는 대화의 주제가 무엇인지에 대해서는 알고 있는 것이 중요하다. 일곱 번째, 부부간의 대화에서 논쟁이 자주 발생하기도 하는데 이것은 서로 주고받는 내용이 불일치하기 때문이다. 남편과 아내는 같은 대화 주제라 하더라도 서로 다른 생각의 차이로 인해 갈등을 일으키게 된다. 여덟 번째, 부부간의 대화에서 일치와 불일치의 결정은 각자의 기준에 따라 다르게 판단되기 때문이다. 불확실한 추정과 일반화의 문제이다. 부부는 많은 시간을 함께 보내면서 서로를 잘 알게 된다. 그렇기 때문에 대화 중에도 상대방이 의도하는 바를 쉽게 추정하고 성급하게 판단을 내린다. 아홉 번째, 비교와 평가의 문제로써, 가족이 함께 생활하면서 서로에게 변화를 요구하는 일은 자연스러운 일일 것이다. 그러나 상대방의 부정적인 면을 타인과 비교하거나 평가를 내리는 방식으로 의사소통을 하는 것은 바람직하지 않다. 비교와 평가의 의사소통은 긍정적인 내용일 수도 있고, 부정적인 내용일 수도 있지만 대부분은 부정적인 내용이다. 열 번째, 의사소통 관계의 불균형 문제로, 대부분 대화 참여 시간과 횟수에서 남편과 아내가 다르다. 아내는 점유율이 높지만, 남편은 결론을 내리거나 협의를 도출해 내는 과정에서 의사결정이나 판단 기준을 제시하는 등의 주도권 행사를 하려는 경향을 보인다. 열한 번째, 부부의 역할에 대한 교차적 지각의 문제로 부부가 서로의 역할에 대한 생각이 다를 경우 두 사람 간의 의사소통에서 갈등이 발생할 수 있다. 자신이 당연하다고 생각한 일들을 상대방이 다르게 받아들일 때 특히 갈등이 더 심화될 수 있는 것이다. 열두 번째, 성별(gender)에 따른 의사소통의 차이 문제로 차별화된 문화적 기대가 존재하고, 의사소통의 방식 또한 다르게 발전하게 된다. 남성과 여성은 행동과 언어에서 많은 차이를 기대하고 또 그 차이는 남녀의 역할로 인식하게 되었다. 이 모든 차이와 인식이 부부간의 의사소통 방식에 차이를 가져오게 되었고, 부부가 서로 이러한 차이를 이해하고 배려하는 부부만의 문화를 만들어 내어 원활한 의사소통이 되도록 노력해야 한다.

결론적으로, 긍정적인 의사소통 행동으로 부부간의 부정적 감정이나 갈등을 완화하고 문제해결을 도우며, 결혼만족도를 높이도록 자기주장과 경청을 하여야 한다. 자기주장은 자신의 생각이나 감정을 상대방에게 솔직하고 분명하게 나타냄으로써 자신을 상대방에게 잘 이해시키는 기술이며, 경청은 상대방의 말을 충분히 이해하기 위해 주의 깊게 듣고 들은 내용을 바꾸어 말하기를 하며 이해하지 못한 부분은 질문을 통해 명료화하는 것이다(권윤아 · 김득성, 2008).

1) 부부갈등

가족은 서로 상호작용하는 존재이다. 인간은 누구나 환경에 둘러싸여 있고 스스로는 그 환경의 일부를 이루므로 사회의 한 구성요소로서 다른 사람과 끊임없이 상호작용을 한다. 부부는 결혼을 함으로 일생의 큰 전환기를 맞게 된다. 결혼과 동시에 부부는 한 개인으로서가 아닌 부부라는 체계로 자신들의 정체성을 형성해야 한다. 부부라는 단위로 형성된 새로운 관계로 인해 부부체계는 관계에 대한 협상과 부부로서의 역할 정립에 대한 협의가 이루어져야 한다.

부부간의 역할수행은 사회에서 요구하는 남성과 여성에 대한 성 역할 개념의 변화에 따라 변화되고 있다. 전통적인 부부간의 역할에 대해 파슨스(Parsons)는 남편의 역할을 수단적 역할, 아내의 역할을 표현적 역할이라고 정의했으며, 남편의 수단적 역할은 가족의 균형 유지와 대외 목적에 대한 바람직한 관계를 수단적으로 수립하는 역할이며, 아내는 가족구성원을 통합하고 가족관계의 유지와 긴장을 완화하는 역할을 한다고 하였다(유영주, 1980; 이정숙, 2010 재인용).

부부간의 역할은 이전 원가족의 경험을 통해 암묵적인 기대를 바탕으로 형성하게 되므로 부부로서의 역할 정립에 대한 협의가 제대로 이루어지지 않으면 부부간의 갈등이 생겼을 때 각자의 기대에 부응하기 전에 간극을 좁히지 못하고 평행선을 달리는 경우가 종종 있다.

2) 부부갈등의 요인

부부관계는 지속적이므로 적응해 가는 동안 인격이 성숙되고 만족한 관계로 발전해 나갈 수 있다. 역할은 사회와 밀접한 관계를 맺고 있기 때문에 시대·문화적 배경에 따라 그 기대나 수행 또는 인지의 변화가 일어나게 된다. 부부의 역할이 원만하게 수행되기 위해 여러 조건들을 갖추는 것이 필요하다.

원만한 부부 역할을 하기 위한 수행의 조건으로 최규련(2011)에 의하면, 첫째, 남편과 아내 각자가 여러 부부 역할에 대하여 갖고 있는 태도가 일치되어야 한다는 것이다. 예를 들면, 아내가 평등주의적 태도를 가지고 있고 남편이 전통주의적 태도를 가지고 있다면 역할기대와 역할인지의 불일치로 인해 갈등이 발생할 수밖에 없다.

둘째, 부부는 자신과 배우자의 역할평가가 긍정적이도록 노력을 하여야 한다. 이를 위해서는 먼저 자신의 역할인지 수준과 배우자에 대한 역할기대 수준을 현실적으로 낮추는 노력이 필요하다.

셋째, 현대 사회에서는 부부가 역할에 대해 유연한 자세를 갖고 개방적인 대화를 하는 것이 필수적이다. 급변하는 현대 사회에 적응하고 원활한 가정생활을 영위하려면 역할에 대한 유연한 태도를 가지고 부부간 역할에 대한 기대와 인지에 대해 충분한 대화를 나누는 것이 필요하다.

넷째, 역할수행에서 부부간 균형이 맞는 것이 중요하다. 상황에 따라 일시적으로 남편이나 아내에게 역할이 집중되는 경우도 있지만 지속적으로 역할수행에서 부부간 균형이 깨지면 역할 과다 문제와 역할 과소 문제가 발생한다. 부부 한쪽에 역할이 과다한 경우 가정의 중심이 되고 피로와 시간 갈등 문제가 발생하게 되는 반면, 역할 과소인 사람은 가정에서 소외되고 외로움, 무력감 문제가 발생할 수 있다. 그뿐 아니라 자녀들의 성 역할 습득과 장래의 결혼생활에도 부정적 영향을 미칠 수 있다. 즉, 역할 과소의 무기력한 아버지와 역할 과다의 지배적인 어머니이거나 역할 과다의 지배적인 아버지와 역할 과소의 무기력한 어머니인 경우 모두 아들과 딸들은 남성 또는 여성으로서 그리고 동반자적 부부의 성 역할 모델로 부적합한 부모를 보면서 성장한다는 문제가 있는 것이다. 또한, 우울 증상의 발생에 영향을 주는 부정적인 환경적 요인으로는 주요한 생활사건인 가정불화, 가족관계의 악화 등이 지목되고 있다(권석만, 2013). 특히 부부관계는 어떠한 대인관계보다 정서적인 개입이 크기 때문에 부부갈등은 관계지향 특성이 높은 여성에게 상당한 우울이나 불안을 초래한다. 또, 부부갈등이 많을수록 기혼 여성의 우울점수가 높은 것으로 나타났다(이인숙, 2002). 여러 연구들을 종합해 볼 때 부부갈등이 기혼여성의 우울 증상과 밀접한 관련이 있음을 일관성 있게 보여 주고 있다.

부부갈등이 우울 증상에 미치는 영향의 경로를 설명하는 다양한 이론적 접근 중에 가장 많이 쓰이는 것은 벡(Beck, 1967; 1979)의 인지이론이다. 인지이론(Beck, 1976)에 따르면 인지는 정서와 행동에 강력한 영향을 미치는데, 특히 우울증 환자들의 부정적이고 비관적인 사고가 현실을 부정적인 방향으로 왜곡하여 우울증상이 초래된다고 한다.

심리적 장애를 경험하는 사람들은 어린 시절의 경험에 의해 부정적 인지도식(Schema)을 형성하고 있어서 이와 관련된 생활사건을 당면하게 되면 그 사건의 의미를 더욱 부정적으로 해석하게 되어 심리적인 장애를 야기하게 된다. 즉, 우울한 사람들은 생활사건의 의미를 부정적으로 해석하는 역기능적 태도(Dysfunctional Attitude)를 지니고 있으며 이를 인지이론에서는 우울한 사람들의 인지적 취약성으로 보았다. 기혼여성들이 결혼생활에서 경험하는 스트레스 사건인 부부갈등은 직접적으로 우울 증상을 야기할 수도 있지만 부부갈등에 대해 왜곡하여 더욱 부정적으로 해석하는 역기능적 태도라는 경로를 통해서도 우울 증상에 영향을 미칠 것으로 예측된다.

기혼여성의 부부갈등은 우울 증상에 직접적으로 영향을 미치기도 하지만 부부갈등이라는 스트레스가 역기능적 태도를 심화시키고 이것이 다시 우줄 증상에 영향을 미치는 것으로 보인다. 결국 부부갈등 자체가 기혼여성의 우울 증상에 직접적으로 영향을 미칠 수 있지만 부부갈등이라는 생활사건에 대해 성취지향성 및 사회적 의존성, 역기능적 태도를 많이 지닌 기혼여성은 부부갈등의 의미를 왜곡하거나 과장하게 되고 그 결과 우울 증상을 가지는 것으로 보인다.

부부관계에 갈등을 표출하는 부부의 역기능적인 의사소통 방식에는 권위지향형, 소심지향형, 불성실지향형, 희생지향형, 지배지향형이 있으며 유형별로 다음과 같은 특징이 있다.

첫째, 권위지향형 의사소통의 남편은 계층서열의식이 강하고 체면을 중시한다. 부인을 무시하고 장점보다는 단점을 지적하여 비난하고 부인으로 하여금 두려워서 복종하게 한다. 전통적 가부장적 제도에서 볼 수 있다. 둘째, 소심지향형은 과거에 집착하는 보수적인 성향을 지니고 있다. 의사소통에 불평불만이 많고 무슨 일이든 소극적이며 비관적이다. 비사교적인 경향이 있고 남편보다 아내들이 이 유형이 많다. 셋째, 불성실지향형은 정확한 답변을 회피하고 거짓말을 하며 무책임한 말을 하는 특성이 있다. 자신의 무력감이나 부정행위를 숨기려는 방어 전략을 사용하며 임시변통적인 말로 둘러대는 경우가 많다. 넷째, 희생지향형은 쉽게 결정을 못하고 말할 때 딴전을 피우거나 무조건 동의하고, 해 봐야 소용없다는 생각을 한다. 표면적으로는 수용하지만 내면적으로는 비판적인 태도를 가진다. 다섯째, 지배지향형은 남편의 경우 아는 척, 잘난 척, 호언장담을 잘하고 자신의 능력을 과시하면서 상대방을 명령적 · 지시적으로 지배하려 한다.

부부관계는 어떤 유형의 관계가 바람직한 유형이라고 단언하기는 어렵지만 부부관계에서는 부부가 사회적으로 동등한 위치에서 서로 존중하는 평등한 관계를 유지하며 사랑하는 관계가 유지되도록 하는 것이 매우 중요하다. 성별의 특성상 차이를 인정하고, 서로의 역할에 대한 고정관념 또한 버려야 한다. 부부간에는 서로를 격려하고, 경청하고, 인정하고, 신뢰함으로서 공감지수를 높여 좋은 관계로 동행하며 행복할 수 있다. 부부관계란 일방적인 것이 아니라 상호작용으로 만들어짐을 알고 배려의 미덕을 실천해 봄이 바람직하다.

다함께 생각해 보기

1. 가족건강성(family strength)의 개념을 설명해 봅시다.

2. 레질리언스의 개념을 설명해 봅시다.

CHAPTER 07

건강가정 정책

Chapter 07

건강가정 정책

1절 한국가족 변화의 특징

근대적 가족형태는 산업화와 도시화를 통해 완성되었으나, 급격한 근대화의 바람 속에서 가족주의라는 개인의 보호기제가 작용되었다는 점에서 근대와 전근대적 특징이 공존해 왔다. 산업화 이후 정보기술의 급격한 발달로 한국사회에도 커다란 변화를 초래하면서 한국가족은 이제 전근대와 근대, 후기근대라는 삼중 구조를 보여 주고 있다. 그뿐만이 아니라 유례 없는 고도경쟁과 소득양극화는 한국가족의 강한 응집성과 규범성에서의 변화를 초래하는가 하면, 결혼이주와 노동이주 등에 의한 순혈주의 또한 변화하고 있다.

특히 'IMF 경제위기'를 거치면서 우리 사회는 노동시장의 유연화가 본격화되었고,

이후 경제위기의 재연과 반복으로 가족의 경제적 안전성은 약화되었으며, 가족구성과 형태의 변화는 물론 가족의 관계와 의미에 대한 변화마저 나타나고 있다(김혜영, 2014, 장혜경 외, 2012). 최근 변화하고 있는 한국가족의 특징을 몇 가지로 정리하면 다음과 같다.

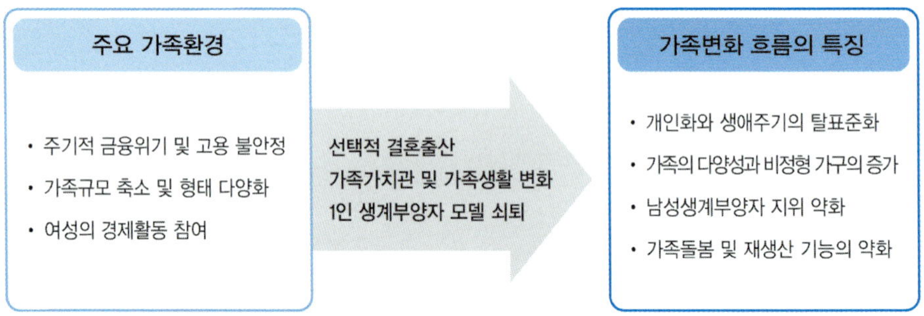

[그림 7-1] 한국가족 변화 특징

출처: 한국여성정책연구원(2014).

1. 개인화와 생애주기의 탈표준화

90년대 이후 주기적인 금융위기 등의 저성장 여파는 고용시장뿐만 아니라 개인 서비스 자영업 등의 생계 기반마저 급격하게 침식시키면서 사회를 양극화시키고 있다. 고용위기의 보편화와 중산층의 몰락은 대다수의 개인들로 하여금 시장중심의 생애 경력을 우선시하도록 만듦으로써 과거와 같은 생애주기는 더 이상 보편적이지 않은 것이 되고 있다. 이제 남성들의 일은 가족을 책임질 만큼 충분하지도 안정적이지도 못한 것이 되고 있다. 이에 비해 여성들의 교육수준과 사회참여의 경험이 증가하면서 젠더 관계는 지속적으로 변화해 왔으며, 특히 남성의 생계부양자 지위가 크게 흔들리는 상황은 여성들로 하여금 어머니나 아내의 역할 못지않게 불확실한 시장상황에 대처하기 위한 직업경력의 관리를 중요시하게 만드는 조건으로 작용하였다(장경섭, 2011, 김혜영, 2014). 이러한 특성들은 남녀 모두 성규범과 연령규범에 따른 결혼과 출산, 자녀양육이라는 표준화된 생애주기를 따르지 않거나 이행하지 않는 인구층을 증가시키고 있다. 그 결과 결혼과 출산, 그리고 자녀양육으로 이어지는 가족생활의 주기는 크게 변화하고 있는데, 개인들에게 있어 결혼과 출산은 당연한 것이기보다는 매 단계마다 자신의 조건에 맞추어 유리하게 선택하고 판단해야 하는 분절적이고 선택 가능한 과업이 되고 있는 것이다(김혜영 · 선보영, 2011). 즉, 노동유연화의 확산은 전 계층의 노동자들로 하여금 안정적인 정년보장의 개념을 갖지 못하도록 하였으며 개개인들이 자신들의 업적과 성취로 생존을 보장해야 하는 고용불안정에 따른 미래의 조망 불가능성이 커지면서, 결혼과 출산 등 그동안 표준화된 생애 사건들이 유보 혹은 포기로 나타나고 있는 것이다(장혜경 외, 2012). 실제로 삼포세대로 일컬어지는 청년층이나 1인 가구, 무자녀가족 등이 증가하는 현실이 바로 이를 보여 주고 있다.

2. 가족의 다양성과 비정형성 가구의 증가

90년대 후반 이후 한국의 인구 및 가족 관련 지표 등은 한국가족의 변화를 함축적으로 보여 주고 있다. 한국가족의 특징으로, 가구의 혼인연령이 지속적으로 증가하고 있을 뿐만 아니라 비혼 인구가 급격히 확대되고 있다. 실제로 지난 20여 년간 가장 많이 증가한 가구는 1인 가구, 2인 가구이며 부모와 미혼자녀가 함께 거주하는 가구 수는 점차 줄어들고 있다.

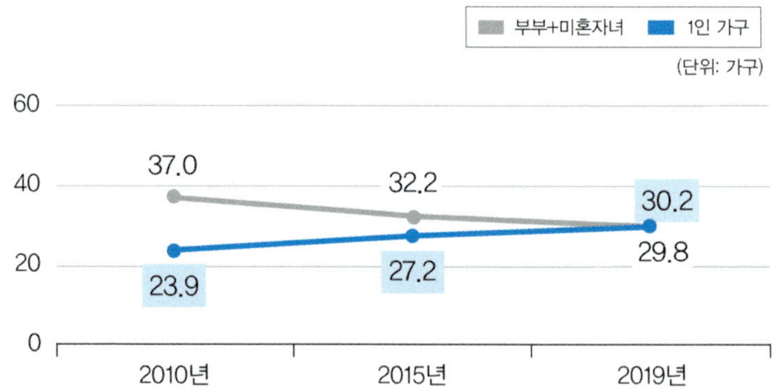

[그림 7-2] 가구 구성

출처: 통계청(각년도).

자녀교육의 목적, 해외 주재파견 근무 등으로 부부 또는 부모자녀가 장기간 해외에서 분거형태로 생활하거나, 외국인과의 국제결혼이 증가하는 등 기존의 가족형태에서 보다 다양화된 가족형태를 볼 수 있다. 특히 국제결혼의 증가는 한국이 그동안 고집해 온 순혈주의의 효력을 상당 부분 상실해 가고 있을 뿐만 아니라 한국인의 결혼형태 및 가족구성 방식에서의 다양성과 자유로운 개인의 선택 폭이 더욱 증가되었음을 보여주고 있다. 이는 여성가족부가 조사한 다양한 가족에 대한 사회적 수용의 의식조사에서도 잘 나타나고 있으며, 가족의 다양성에 대해 많은 부분 긍정적으로 인식하는 것을 알 수 있다.

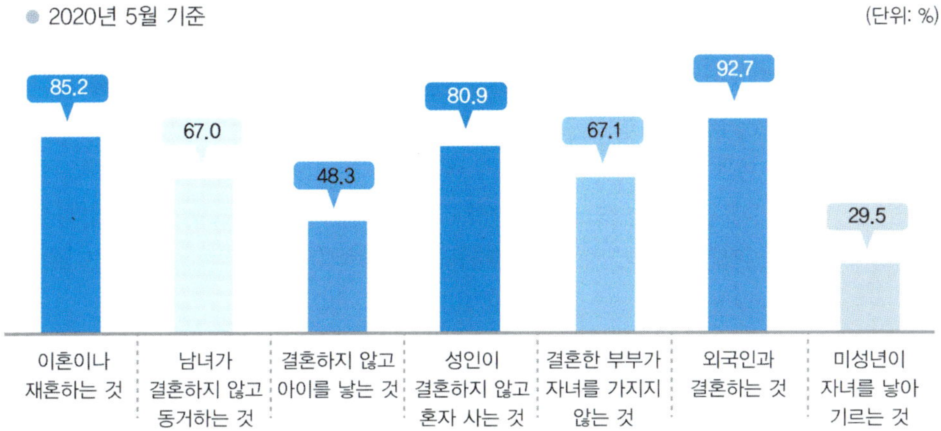

[그림 7-3] 다양한 가족에 대한 사회적 수용도

출처: 여성가족부(2020).

3. 남성생계부양자의 지위 약화

신자유주의 시장질서는 개인 삶의 불안정성과 경쟁을 부추기며 끊임없이 개인들에게 자기계발과 재훈련을 요구하였고, 이는 기존의 성역할 분업에 근거한 가족구조의 정당성을 약화시키는 요인으로 작용하고 있다. 또한, 노동시장의 불안정성을 가속화하며, 이로 인해 남성의 생계부양자 지위는 위축되고, 여성의 노동시장 참여는 점차 전 생애 과업으로 변화하게 되었다. 경제위기 이후 가계소득의 감소는 남성가정의 소득에 의존해서는 생계와 주거, 자녀교육 비용 등을 충당하기가 어려워졌고 남녀 모두에게 생존보장을 위한 노동시장 참여는 선택의 문제가 아닌 필수의 과정이 되어 버렸다. 그동안 공고하였던 남성중심의 생계부양자 모델이 효력을 상실하게 되면서 남성생계부양자의 지위는 상대적으로 약화되고 있다.

4. 가족 돌봄 및 재생산 기능의 약화

과거에 비해 더 많은 가구가 맞벌이 혹은 2인 생계부양자 구조로 전환되고 있으며 이는 여성의 역할과 지위에 대한 새로운 접근을 요구하는 동시에 자녀나 노인의 돌봄의 기능이 더 이상 가족을 통해 충족되기 어려워졌음을 의미하는 것이다. 실제로 한국 맞벌이 가구의 경우 가족이 함께하는 여가생활은 물론 노약자나 자녀보살핌을 위한 시간 사용조차 매우 제안적일 만큼 심각한 시간압박을 느끼는 것으로 나타나고 있다(통계청, 2009). 가족변화 환경은 그동안 여성에게 과도하게 집중되었던 가사 관리와 보살핌의 일이 가족구성원들의 고른 역할분담을 필요로 하게 되었음에도, 실질적으로는 이러한 변화에 가족은 충분히 조응하지 못하면서 개인의 일과 가족생활의 양립을 둘러싼 갈등이 발생하고 있다(장혜경 외, 2012). 그 결과 자녀출산을 최소화하거나 또는 미루는 부분들이 증가하고 있어, 가족이 향유하는 가족시간의 양과 질이 떨어지는 현상이 발생하게 되었다.

2절 오늘날 가족모습과 정책방향

저출산 · 고령화와 같은 급속한 인구학적 변동과 함께 가족형태와 의식이 빠르게 변화하면서 가족개념 및 의식변화와 가족기능변화는 가족구성원 간의 호혜에 의존해 왔던 가족 돌봄에서, 돌봄 서비스의 구매나 공적 서비스 이용 정책의 추진으로 변화하고 있다.

이처럼 가족의 안전성이 약화되는 오늘날의 변화에 맞추어 가족지원 정책을 확대하고, 통신기술의 발달과 보급에 따른 생활방식의 변화, 시장질서의 향후 변동 등을 반영하는 가족정책을 진행할 필요성이 있다.

1. 인구

1) 노인세대의 분리 및 노인 가구 증가

인구의 고령화로 가구규모의 축소와 독거노인가구 및 부부노인가구가 증가하였고, 이로 인한 노인세대와 성인자녀세대 분리의 가족화가 진행되었다. 노부모 부양에 대한 인식에 대한 조사결과에서도 노부모에 대해 가족이 부양하던 부분에서 정부, 가족, 사회가 함께 부양해야 한다는 인식 높아지고 있다. 이러한 노인세대 분리로 부모자녀중심에서 부부중심으로 재편되고 노인세대가 함께 증가하면서, 동년배 노인 비혈연으로 구성된 공동체 가구의 증가까지도 예상되고 있다. 이에 기존의 혈연중심의 가족정책에서 확대된 비혈연으로 구성된 노인 공동체까지도 포함하는 가족 정책의 필요성이 대두된다.

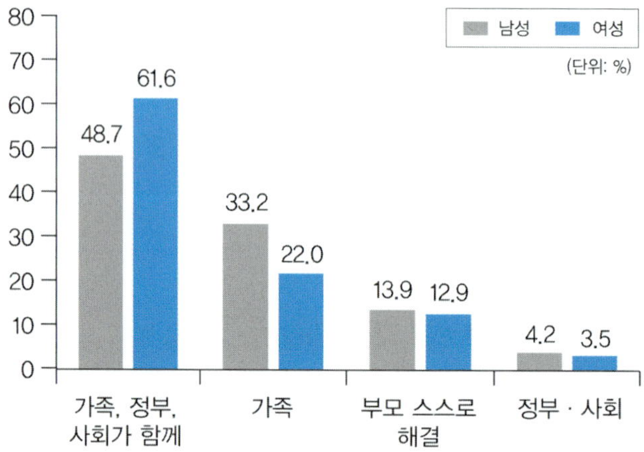

[그림 7-4] 노부모 부양에 대한 인식

출처: 통계청(각년도).

2) 혼인 · 양육의 분리와 자녀애착의 강화

혼인관계 다양화로 '자녀재생산'의 전제조건으로서 제도적 혼인의 의미는 점차 퇴색하고, 제도적 혼인관계에서 벗어나 있거나 제도적 혼인관계를 넘나들면서 자녀를 양육하는 이혼한 부모가족, 미혼 한부모 가족, 재혼 가족, 입양가족 등이 늘어나고 있다. 자녀를 키우는 목적이 사회적 규범이 아닌 자녀와의 친밀성 형성으로 바뀌면서 미성년 자녀에 대한 애착은 더욱 공고해지고 있으며, 저출산 경향에 따라 자녀 수가 적어지면서 자녀에 대한 애착은 더욱 강화되고 있다.

2. 환경

1) 가족의 경제적 어려움 증가에 따른 생계형 근로(고령자 포함) 증가와 돌봄의 공백

가족의 경제적 어려움은 상대적으로 취약한 가구들(한부모 가구, 조선족 가구, 다문화 가구, 이주노동자 가구, 저소득 1인가구, 노인 가구 등)에서 있어서는 생계유지의 어려움을 겪으며, 가정 내 돌봄 공백과도 연결된다. 이러한 돌봄 공백은 노인들에 대한 돌봄도 포함되지만 미성년 자녀들의 돌봄 공백 또한 발생할 수 있기에 이에 대한 가족 정책이 필요하다.

2) 맞벌이 가족증가와 일 가정 양립 욕구 강화

경제력을 확보한 여성의 가족 내 협상력이 증가하게 되고 남성 배우자에 대한 동등한 가사 및 자녀양육 참여 요구가 현실화되면서 남성의 일 가족 양립 지원에 대한 욕구가 늘어나고 있다. 통계청 자료에 의하면 '부부가 공평하게 가사 분담해야' 한다는 질문에 2010년에는 남성 31.2%, 여성 42.2%가 동의하였다면, 2020년에는 남성 57.9%, 여성 67.0%로 변화하는 등 남녀의 가사분담에 대한 인식이 함께 높아진 것을 알 수 있다. 그러나 맞벌이 부부의 성별 가사노동시간(1일 평균)은 여성은 3시간 7분, 남성은 54분으로 나타나, 남녀 모두 일을 중시하며, 가족 내 성역할 인식은 평등을 지향하는 반면, 가사 · 돌봄 분담에서 불평등은 여전함을 알 수 있다.

[그림 7-5] 성별 가사노동시간

출처: 통계청(2019).

3. 정치

1) 생활밀착적인 일 가정 양립 양상

모든 가족구성원이 각자의 생애과정에서 역할과 책임이 인정되고 자원이 분배되어 생애 전반을 아우르는 일과 삶의 균형을 이루는 것을 중요하게 생각하고 있다. 즉, 일을 우선시하던 사회에서 일과 가정의 균형을 중시하는 사회로 변화하고 있다는 것이다. [그림 7-6]의 일과 가정 생활 우선도를 참고하면 남·여 모두 일과 가정이 비슷하게 중요하다는 비율이 증가하고 있음을 알 수 있다.

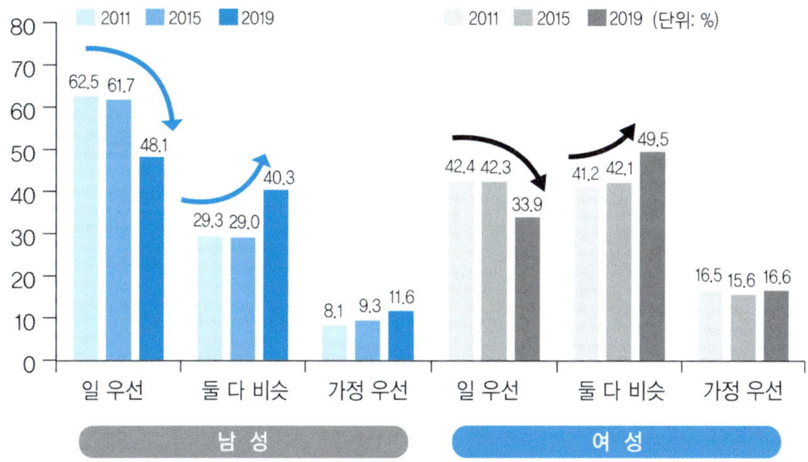

[그림 7-6] 일과 가정생활 우선도

출처: 통계청(각년도).

2) 돌봄 방식의 다양화와 지역공동체 역할의 활성화

가족규모 축소 및 형태의 다양화에 따른 가족생활의 변화가 나타나고 있다. 고도의 기술 사회로의 진입에 따라 점차 노부모와 성인자녀 간의 대면적 접촉 또한 급속히 줄어들 것임으로, 다양한 정서적, 관계적 지원 방법들에 대한 활성화 정책을 요구하고 있다. 노인세대 부양에 있어서는 사회제도와 지원서비스의 확대가 기반이 되는 가운데 일상적인 부양이나 도움은 부부간이나 노인세대 내 교환을 통해 충족할 수 있어야 하기에 지역공동체의 역할 강화가 필요하다.

3절 돌봄이슈와 돌봄정책

1. 자녀돌봄 정책의 과제

1) 일-생활 균형 강화를 통한 일상적 돌봄 보장

일-생활 균형 강화는 미래사회에 자녀돌봄 영역의 정책과제로 더욱 부각되고 있다. 또한, 개인이 혼인, 출산, 돌봄 시기를 자유롭게 선택하게 되면서 전 생애에 걸쳐 일과 생활의 균형 요구가 더 커지고 있다. 따라서, 개인 · 가족생활을 조정하며 병행하는 기존 방식에서 벗어나 노동구조를 유연하게 전환해 가족들이 유급노동과 가족생활의 균형 잡힌 조정이 가능하도록 해야 한다. 이를 위해 현재와 같은 장시간근로, 전일제근로 등 고정화된 노동시간/방식을 유동적으로 전환하는 것이 요구된다.

고용불안이 점차 심화되고, 고용의존적인 생계유지 경향이 강한 한국사회에서 근로시간 단축, 유연근무 등의 일-생활 균형 강화는 자칫 가족들을 빈곤에 빠지게 할 수 있으며, 성차별적 노동관행이 지속되는 한 여성들만의 선택이 되기 쉽다. 그러나 미래 가족들은 근로시간의 단축을 통해 일과 자녀돌봄의 조화를 원하며, 노동시간의 유연성은 경력단절을 완화시킬 것으로 예측되므로 이에 대한 정부정책의 필요성은 매우 중요하다.

고용주(기업)는 일-생활 균형을 실현하는 가장 핵심적인 주체이다. 유연한 노동시간 정책과 근로시간 단축의 실행을 적극적으로 펼치고, 제도사용으로 인한 차별이 발생하지 않도록 정부 정책에 적극 협조해야 할 것이다. 정부는 가족친화 인증기업과 협력해 이러한 정책을 확산할 수 있으며, 더 많은 참여를 유도하기 위해 우선 시행 기업에 인센티브 제공을 검토해 볼 수 있다.

다른 한편, 일–생활 균형이 가능한 구조를 만드는 1인 기업, 소기업의 활성화를 위한 정부 지원을 대안으로 고려해 볼 수 있다. 고학력, 전문직 여성들이 점차 증가하는 추세 속에서 자녀돌봄과 일의 병행을 위한 협동조합 모델이 대안으로 고려될 수 있다. IT기술의 발달 등으로, 한 공간에 모여 일하지 않아도 되는 기반이 마련되고 지식기반 · 소프트웨어 산업의 수요가 점차 증가하는 상황에서 새로운 일–생활 균형 기업모델의 등장과 확산은 어렵지 않을 것으로 예상되며, 여성뿐 아니라 남성들의 참여 또한 유도할 수 있을 것으로 기대된다.

마지막으로 저숙련 · 저임금 전일제 근로부모들은 유연근무형태로의 전환이 비교적 어려울 것으로 예상된다. 상당수가 일용직 등의 비정규직일 가능성이 높아 제도사용에 제한을 받으며, 임금수준이 낮으므로 근로시간 단축을 선택하기 쉽지 않다. 따라서 이러한 부모들을 위해 정부는 보육서비스 등 공공서비스를 우선 지원하며, 근무의 유연성을 높일 수 있는 별도의 방안을 모색해야 할 것이다.

2) 아버지들의 역할행동 전환을 위한 플랫폼 구축

미래사회에도 자녀 돌봄의 1차적 책임은 부모에게 주어질 것으로 예측된다. 그래서 가족 내 동등한 역할 분담은 여전히 중요한 사회적 이슈로 제기될 수 있다. 여성의 사회경제적 참여가 활발해짐에 따라 여성들의 가족 내 협상력이 증가하면서 남성 배우자에 대한 동등한 참여 요구는 더욱 커질 것으로 보인다. 이혼으로 혼자서 자녀를 돌봐야 하는 부자가족, 양육권자는 아니지만 비정기적으로 아이 돌봄에 참여하는 (이혼/비혼)남성들, 재혼으로 새롭게 자녀와 관계를 맺어야 할 남성들, 맞벌이 가족 내에서 돌봄의 주된 책임을 맡게 된 남성들, 남성 동성부모들 등 다양한 형태가 나타날 것이다.

이에 남성들이 전통적인 성역할 규범에서 벗어나 돌봄의 책임자로서 행동하도록 아버지 역할 전환을 돕는 방안이 마련되어야 한다. 그 일환으로 사회제도와 인식 개선 등은 여전히 유효하다. 그러나 가족상황에 따른 남성들 내부의 차이가 발생하고, 남성들로부터 실질적 필요가 생겨나고 있으므로 남성 개인들이 돌봄 수행자로서 역할을 잘해 나갈 수 있는 기회와 학습의 장 마련이 더욱 중요하다.

대안의 하나로, 남성들에게 필요한 사항들을 다양한 방식으로 제공할 온·오프라인 플랫폼 구축을 적극적으로 고려해 볼 수 있다. 남성들이 돌봄 참여의 어려움을 줄일 수 있는 양육기술 학습부터 이혼/재혼 후 자녀양육과 관계를 위한 교육·상담, 자녀들과 함께할 놀이 공간, 남성들이 함께 모여 돌봄을 나누고 휴식할 공간, 남성들의 돌봄 정보 공유의 장 등 교육과 상담 지원뿐 아니라 교류할 공간 마련도 가능하다.

남성들의 자녀 돌봄 경험은 친밀성 형성의 기회를 열어 주고, 다른 남성들과 자녀들과 관계 확장의 장을 제공하는 있으며 그 과정에서 남성들의 돌봄 책임감은 높아지고, '생계부양자'로서의 정체성은 약화될 것으로 보인다.

따라서 아버지들의 SNS나 온라인카페, 직장 내 워킹파파들의 모임, 지역사회 내 남성을 위한 아버지센터나 카페, 공동육아와 같은 부모들의 돌봄모임 등 남성들이 모이기 편하고 쉬운 채널들을 다양하게 열어 둠으로써 남성들의 참여를 유도하고, 접근성을 높여 가는 전략이 모색되어야 할 것이다.

이러한 역할 전환 과정을 통해 남성들은 '일' 중심적인 일상을 돌봄 참여를 위한 '일-생활 균형'으로 재구성하게 될 것이라 기대된다. 이는 '일'의 영역에서 남성들의 자발적 변화와 돌봄 참여를 위한 요구를 촉발시켜 성평등한 돌봄 분담의 가능성을 높일 것으로 기대된다.

3) 돌봄의 재사회화를 위한 지역사회 공동체 활성화

기업과 남성은 자녀 돌봄을 분담할 책임을 가진 주체로 기업의 사회적 책무와 남성들의 동등한 자녀 돌봄은 부모들, 특히 여성들의 돌봄 부담을 완화시켜 줄 것이다.

반면, 지역사회 시민네트워크, 지역사회 공동체는 정부의 자녀돌봄 서비스를 보완해주는 하나의 대안으로 고려해 볼 수 있다. 지방분권화의 강화로 지방자치의 실질적 토대가 마련되면서 지역사회 단체와 소규모 생활공동체, 마을기업과 협동조합 등 지역사회 문제와 복지 해결을 위한 새로운 시민주체들의 등장이 활발해질 것이다.

정부가 이러한 변화를 적극적으로 수용해 시민들이 활동할 장을 마련해 주고, 시민사회와 협업체계를 구축해 역할 분담을 한다면 시민사회, 지역사회 공동체를 통한 돌봄의 재사회화가 일정 정도 가능할 것으로 보인다. 이미 자생적인 마을공동체, 커뮤니티 활동 사례에서 지역주민들과 함께 돌봄의 문제를 해결하고, 돌봄의 부담을 나누는 경우가 늘고 있으며, 공동 육아어린이집, (어린이)도서관, 학교, 커뮤니티 카페, 지역 내 시민단체 등 다양한 지역사회 거점이 만들어지고 있다.

돌봄을 지원하는 지역사회 공동체 활성화는 다양한 형태의 가족들의 부족한 부분을 상호보완하고, 시민들의 다양한 요구에 민감하게 대응하는 것을 가능하게 한다. 그뿐 아니라 지역사회 내 은퇴자들, 전업주부들, 이주자들, 청년실업자들 등 다양한 주민들에게 새로운 일자리를 제공하고, 자원 활동 등의 사회참여문화를 활성화시킬 수 있다.

다함께 생각해 보기

1. 가족환경 변화에 따른 다양한 가족구성과 역할의 변화에 대해 생각해 봅시다.

2. 돌봄에 대한 가정의 역할과 국가의 역할에 대해 생각해 봅시다.

CHAPTER 08

건강가정기본법

Chapter 08 건강가정기본법

현재 한국 가정은 저출산율 세계 1위, 조기이혼율 세계 2위, 급속한 고령화 사회의 진입, IMF 이후 가정경제의 파탄, 사회적 가치관의 변화 등으로 인하여 가족의 기능이 약화되었다. 이로 인해 가족해체의 급증과 가정폭력, 청소년 가출, 노인 · 아동 유기 등 또 다른 사회문제가 발생하고 있다.

가족의 변화와 위기를 극복하기 위해 국가는 요보호 가정과 일반가정 모두를 대상으로 가족문제의 해결과 치료를 돕고, 문제 발생 자체를 사전에 예방하여 가정의 건강성 회복과 유지를 위하여 2004년 2월 「건강가정기본법」을 제정(보건복지부)하고, 2005년 1월 1일부터 시행하게 되었다. 이러한 「건강가정기본법」은 가정기능을 강화하고, 가정의 잠재력을 개발하여, 가족공동체 문화 조성 또는 가정과 사회의 통합을 꾀하여 건강한 가정생활의 영위와 가정의 유지 · 발전을 목표로 하고 있다.

1절 건강가정기본법의 등장배경

「건강가정기본법」은 '가족의 위기'의 대표적 현상으로 이해되고 있는 이혼율의 급격한 증가에 동반한 빈곤의 여성화와 출산율 저하로 예상되는 국가 경쟁력 저하를 '가족(the family)'의 형태적 유지와 기능적 강화를 통해 완화시킬 수 있다는 믿음에 근거하고 있으며, 「건강가정기본법」의 기본이념을 정리하면 〈표 8-1〉과 같다.

〈표 8-1〉「건강가정기본법」의 기본이념

목표	• 건강한 가정생활 영위 • 가정의 유지와 발전	
기본방향	• 자정기능 강화 • 가정과 사회의 통합 • 다양한 형태의 가족의 욕구 충족	• 가정의 잠재력 개발 • 가족 공동체 문화 조성
가족정책 수립요구	• 가족문제의 해결책 제시 • 가족원의 복지증진 및 정책 수립	
의무규정	• 국가, 지방자치단체, 가족의 책임과 의무 부여	
필요성	• 저출산, 고령화 사회에 따른 가족유지 및 사회발전의 저해현상 발생 • 이혼, 실직 등으로 가족해체 현상 증가 • 가족위기로 인한 국가비용의 증가	

「건강가정기본법」의 등장배경을 구체적으로 살펴보면 다음과 같다.

첫째, 가족해체 현상이 증가하고 다양한 가족문제가 발생하였다. 2020년 통계청 자료에 의하면 인구 천 명당 이혼 수를 나타내는 조이혼율이 2.2명으로 OECD 국가에서 상위에 속하는 실정이다. 또한, 혼인율은 급격히 감소하고 만혼이 증가하며, 무자녀 가족 및 독신의 증가하는 등 저출산 문제가 심각해지고 있다. 이 외에도 가정폭력, 청소년 자살 및 각종 범죄, 노인학대 등의 사회문제와 경제위기로 인한 가정경제 파탄, 가족해체 등 다양한 가족문제가 사회문제가 확대됨에 따라 「건강가정기본법」의 필요성이 대두되었다.

둘째, 사회 변화에 발맞추어 가족이 제 기능을 수행하는 데 어려움이다. 가족 기능이 점차 변화하면서 자녀양육 및 노부모 부양 등을 이제는 가족이 전체적으로 해결하기에는 역부족인 상황이다. 맞벌이 가족이 증가하고 있는 상황에서 여성의 취업 증가에 따른 가정 내 돌봄 노동의 부재를 채워 줄 수 있는 정책의 필요성이 증가되었다.

셋째, 국가의 비효율적인 복지비용의 증가이다. 저출산 · 고령화에 따른 사회적 비용 증가와 가족해체에 따른 가족지원비용 및 복지비용이 급속히 증가하고 있지만 가족구성원 개인의 심리 · 정서적 지지에 미치는 복지의 효과는 매우 미흡한 것으로 나타났다. 따라서 국가 차원에서는 가족문제 발생에 따른 사후 개입보다 예방 차원의 교육과 지원을 제공함으로써 막대한 복지비용에 대한 국가부담을 감소하는 방안이 필요하게 되었다.

넷째, 정책대상자로서 가족 범위의 확대를 들 수 있다. 지금까지의 가족정책은 요보호 가정을 대상으로 하는 한정적인 사업으로써, 최근 가족문제를 해결하기 위해서는 그 대상의 범위가 한정적이기에 일반가정에 대한 가족사업 전개가 지속적으로 요구되었다. 이에 따라 행정적 · 제도적 기틀 마련과 건강가정 육성을 위한 통합적 · 전문적 업무를 수행하는 전담부서와 인력, 전달체계를 포함하는 법과 정책이 필요하게 되었다.

이상의 등장배경을 바탕으로 한 「건강가정기본법」은 우리나라 가정생활의 실태와 문제, 다양한 변화 현상 등에 주목하여 새로운 패러다임의 가정에 대한 정책과 제도의 틀을 만드는 데 기여하였다.

2절 건강가정기본법의 목적

「건강가정기본법」은 건강한 가정생활의 영위와 가족의 유지 및 발전을 위한 국민의 권리 · 의무와 국가 및 지방자치단체 등의 책임을 명백히 하고, 가정문제의 적절한 해결방안을 강구하며 가족구성원의 복지증진에 이바지할 수 있는 지원정책을 강화함으로써 건강가정 구현에 기여하는 것을 목적으로 한다.

첫째, 가정의 건강성 증진

건강한 가정은 그 가정 속에 있는 개인의 행복에 기여할 뿐 아니라 건강한 사회, 건강한 국가의 기본이 된다. 「건강가정기본법」은 가정의 건강성 증진을 통하여 건강한 사회를 구현하는 것을 궁극적인 목적으로 하며 개인의 행복과도 밀접하게 연관되어 개인–가정–사회의 상호작용적인 관점을 강조한다.

둘째, 생활단위로서 가정과 가정단위의 통합적인 서비스 제공

「건강가정기본법」은 제도 및 관계로서의 가족을 넘어, 생활단위이며 생활공동체의

의미를 가진 가정의 중요성을 강조하고 있다. 구체적으로 '가정'이라 함은 가족구성원이 생계 또는 주거를 함께하는 생활공동체이며 구성원의 일상적 부양 · 양육 · 보호 · 교육 등이 이루어지는 생활단위로서 가족의 구조나 형태에 관계없이 생활을 영위하는 단위로 다양한 가족 유형을 포함한다.

또한, 「건강가정기본법」은 경제적 지원을 중심으로 하는 복지서비스에서 나아가 건강한 가정생활의 유지 · 발전에 필요한 교육, 상담, 문화 및 정보제공 등 생활영역의 서비스 부분을 포함한 통합적 가족정책을 통하여 전체가정을 대상으로 진행해 보편적 복지로 패러다임을 전환한다.

셋째, 가족의 건강성 구현

건강한 가정은 가족 내 민주적이고 양성 평등한 관계를 전제하고 있으며, 이러한 평등한 관계가 바탕이 되었을 때 가족 간의 열린 대화가 가능하고 가족역할이 공유되며 가정의 건강성이 증진된다. 「건강가정기본법」은 성과 세대, 생활과 문화의 통합을 기본이념으로 하며, 양성평등한 가족관계를 강조하며 세대 간의 민주적인 관계를 강조하고 일상생활 및 문화의 중요성을 명시하는 통합적인 가족정책을 제시하고 있다.

넷째, 국가의 지원강화와 가정의 자립과 협동

「건강가정기본법」은 요보호 가정뿐 아니라 해체위기에 있는 가정, 스트레스와 문제를 가지고 있는 일반가정에 대해서도 국가의 적극적인 지원의 필요성을 제시하고 있다. 또한, 가정의 자립은 가정생활의 주체성 확보와 자생력을 의미하며, 가족 간 또는 가족구성원 간 서로 도우며 자원을 공유하는 자립과 협동을 요구한다. 가정을 능동적인 주체로 인정하여 국가가 가정에 대해 일방적인 개입의 지원서비스를 제공하기보다는 가정의 자율성과 자립성을 증진시킬 수 있는 지원을 제공해야 한다.

다섯째, 가정에 대한 사전적 · 예방적 지원

사회의 가장 기본 단위인 가정에 문제가 발생하면 해결에 많은 시간적 · 재정적 비용이 들어가며 완벽하게 문제가 해소되기도 어렵다. 그러므로 가능하면 문제가 발생하기 전에 미리 예방하는 것이 중요하다. 「건강가정기본법」에서는 이전까지의 문제 치료적인 방식에서 벗어나 문제 예방적인 측면을 매우 강화하고 있으며 이를 위한 제도적 지원도 함께 명시하고 하고 있다.

3절 건강가정기본법의 주요내용

「건강가정기본법」은 총칙, 건강가정정책, 건강가정사업, 건강가정전담조직, 보칙 등 제 5장 제 37조로 구성되어 있다. 「건강가정기본법」의 의의는 건강한 가정생활과 가족의 유지 및 발전이 국민의 권리인 동시에 의무라는 점과 이에 대한 국가와 지방자치단체의 책임을 선언하고 있다는 점이다. 가족의 복지증진을 위해 가족과 국가가 모두 노력해야 함을 「건강가정기본법」에서는 명백히 밝히고 있으며 본 장에서는 보칙을 제외한 4장의 내용을 간략하게 제시하고자 한다.

1. 총칙의 주요내용

「건강가정기본법」의 제1장 총칙은 모두 12개조로 구성되어 있다. 「건강가정기본법」의 목적, 기본이념, 용어 정의, 국민의 권리와 의무, 국가 및 지방자치단체의 책임, 다른 법률과의 관계, 가족가치, 혼인과 출산에 대한 중요성, 가족해체 예방을 위한 노력의 필요성, 지역사회 자원의 개발과 활용, 정보관리체계의 확립, 가정의 날 지정 등의 내용을 담고 있다.

1) 건강가정기본법의 목적

「건강가정기본법」의 목적은 '건강한 가정생활의 영위와 가족의 유지 및 발전을 위한 국민의 권리 · 의무와 국가 및 지방자치단체 등의 책임을 명백히 하고, 가정문제의 적절한 해결방안을 강구하며, 가족구성원의 복지증진에 이바지할 수 있는 지원정책을 강화함으로써 건강가정 구현에 기여하는 것'이다. 「건강가정기본법」의 목적에는, 가족복지의 증진은 국민의 권리이자 의무라는 점과 국가와 지방자지난체의 책임도 함께 명시하고 있다. 그러나 가족구성원 간에는 서로 다른 욕구를 가질 수 있으며, 가족구성원인 개인의 욕구가 서로 충돌할 경우 가정의 유지를 우선해야 한다는 취지로 보일 수 있음에 유의해야 한다.

2) 가족에 대한 정의

「건강가정기본법」에서 가족은 '혼인 · 혈연 · 입양으로 이루어진 사회의 기본단위'로 정의하고 있다. 또한, 가정은 '가족구성원이 생계 또는 주거를 함께하는 생활공동체로서 구성원의 일상적인 부양 · 양육 · 보호 · 교육 등이 이루어지는 생활단위'로 정의하고 있다. 또 1인가구라 함은 '1명이 단독으로 생계를 유지하고 있는 생활단위'를 말한다. 건강가정은 '가족구성원의 욕구가 충족되고 인간다운 삶이 보장되는 가정'이라고 하였다. 그러나 가족을 혼인 · 혈연 · 입양으로 이루어진 것으로 제한함으로써 이에 속하지 않는 다양한 가족형태는 대상이 될 수 없거나, 건강가정 용어도 건강한 가족과 그렇지 않는 가족이라는 낙인이 부여되는 한계를 가지고 있다.

3) 혼인과 출산, 가족해체 예방에 대한 가족과 국가의 노력

「건강가정기본법」 제8조 '모든 국민은 혼인과 출산의 사회적 중요성을 인식하여야 한다'와 제9조 '가족구성원 모두는 가족해체를 예방하기 위하여 노력하여야 한다'고 혼인과 출산, 가족해체 예방에 대해 규정하고 있다. 이는 가족을 신성시하며 혼인과 출산의 중요성, 가족해체 예방을 강조하고 있으나 혼인이나 출산이 개인의 선택권임을 무시하고 있다는 비판의견도 존재한다.

2. 건강가정정책의 주요내용

건강가정정책은 건강가정기본계획 수립, 연도별 시행계획의 수립 · 시행, 시 · 도별 건강가정기본계획의 조정, 계획 수립의 협조, 교육 · 연구, 가족실태조사 등으로 구성되어 있다.

1) 건강가정기본계획의 수립

건강가정기본계획에는 여성가족부장관이 관계 중앙행정기관의 장과 협의하여 건강가정기본계획을 5년마다 수립하도록 되어 있다. 주요내용은 가족기능 강화와 가정의 자립증진 대책, 가족공동체 문화조성, 건강가정 구현방안, 민주적인 가족관계와 양성평등적인 역할 분담, 가정친화적인 사회환경 조성, 양육·부양 부담 완화와 가족해체 예방을 통한 사회비용 절감방안, 위기 가족 긴급지원책 등이 있으며, 이러한 건강가정기본계획은 국무회의 심의를 거쳐 확정된다.

〈표 8-2〉 건강가정기본계획의 내용

건강가정기본계획에 포함되어야 할 내용
• 가족기능의 강화 및 가정의 잠재력 개발을 통한 가정의 자립 증진 대책 • 사회통합과 문화계승을 위한 가족공동체문화의 조성 • 다양한 가족의 욕구충족을 통한 건강가정 구현 • 민주적인 가족관계와 양성평등적인 역할분담 • 가정친화적인 사회환경의 조성 • 가족의 양육·부양 등의 부담완화와 가족해체예방을 통한 사회비용 절감 • 위기가족에 대한 긴급 지원책 • 가족의 건강증진을 통한 건강사회 구현 • 가족지원정책의 추진과 관련한 재정조달 방안 • 1인가구의 복지 증진을 위한 대책

2) 건강가정기본계획 시행계획의 수립과 시행

「건강가정기본법」 제16조와 제17조에는 건강가정기본계획의 시행계획에 관한 내용이 포함되어 있다. 건강가정기본계획이 수립되면 여성가족부장관, 관계중앙행정기관의 장 및 지방자치단체의 장은 매년 기본계획에 따라 건강가정시행계획을 수립·시행하고 평가해야 한다. 또한, 관계중앙행정기관의 장 및 지방자치단체의 장은 그 시행계획 및 추진실적을 매년 여성가족부장관에게 제출해야 한다.

3) 가족실태조사

「건강가정기본법」 제20조에는 국가 및 지방자치단체가 개인과 가족의 생활실태를 파악하고, 건강가정 구현 및 가정문제 예방을 위한 서비스 욕구와 수요를 파악하기 위해 5년마다 가족실태조사를 실시하고 결과를 발표하도록 규정하고 있다.

3. 건강가정지원법의 한계

「건강가정지원법」의 몇 가지 한계점은 다음과 같다.

첫째, 가정과 직장 생활의 양립은 건강가정을 이루는 상당히 중요한 요소임에도 불구하고 이를 뒷받침할 만한 구체적인 조항이 없다. 여성의 노동권과 모성권의 양립이라는 의미에서 가족친화제도의 강화를 위한 조항이 없어 이를 보다 구체적으로 강력하게 시행할 필요가 있다.

둘째, 남성의 돌봄노동 참여 확대에 대한 구체적인 내용이 없는 것에 한계가 있다. 가정 내에서의 개인적인 시행정책을 갖고 있지 않은 상황에서는 담보되기 어려운 부분임에도 불구하고, 남성의 돌봄노동에 대해서는 추상적인 내용만을 담은 한계가 존재한다.

셋째, 가족에 대한 재정적 보조에 관한 부분이 실제적이지 않다. OECD 국가 중 가족을 위한 직접적인 재정지원 프로그램을 갖고 있지 않은 나라는 아이슬란드, 터키, 멕시코, 미국과 우리나라 정도다. 특히 우리나라의 경우 자녀양육 비용이 높아 출산에 굉장한 부담을 느끼고 있으나, 이에 대한 지원정책은 주로 저소득층 가족을 지원하는 잔여적인 보조에만 머무르고 있다.

4절 건강가정기본법과 관련된 법

1. 다문화가족지원법

1) 다문화가족지원법의 주요내용

「다문화가족지원법」은 2008년 제정되었으며 다문화가족의 안정적 생활지원을 위한 정책의 법적근거를 마련하였으며, 「다문화가족지원법」 제2조에서 다문화가족을 「재한외국인 처우 기본법」 제2조 제3호에 의한 결혼이민자, 「국적법」의 규정에 따라 대한민국 국적을 취득한 자로 이루어진 가족으로 명시하고 있다. 「재한외국인 처우 기본법」에서 결혼이민자는 대한민국 국민과 혼인한 적 있거나 혼인관계에 있는 재한외국인을 말하며, 출생 당시 부 또는 모가 대한민국 국민인 자, 출생하기 전에 부가 사망한 경우 사망 당시 부가 대한민국에서 출생한 자, 대한민국에서 발견된 기아는 대한민국에서 출생한 것으로 추정하고 있다.

또한 「국적법」 제3조는 대한민국 국민이 아닌 자로서 대한민국 국민인 부 또는 모에 의해 인지된 자로 국적을 취득할 수 있음을 명시하고 있다. 대한민국 국적을 취득한 사실이 없는 외국인은 법무부장관의 귀하허가를 받아 대한민국 국적을 취득할 수 있다. 간이 귀하요건에서는 배우자가 대한민국 국민인 외국인으로서 배우자와 혼인한 상태로 대한민국에 2년 이상 계속하여 주소가 있는 자, 대한민국 배우자와 혼인한 후 3년이 지나고 혼인한 상태로 대한민국에 1년 이상 계속하여 주소가 있는 경우 간이 귀하의 요건으로 본다.

2) 다문화가족지원정책 기본계획

전국의 다문화가족은 2018년 31.6만 가구(가구원 96만 명)로 전체 가구대비 1.6%를 차지하며 2000년 초반에는 도시 저소득층, 농촌지역 남성과의 결혼으로 인해 급증하였지만 최근에는 국제결혼 감소추세에 따라 결혼이민자 및 귀하자의 증가세도 점차 둔화되고 있다.

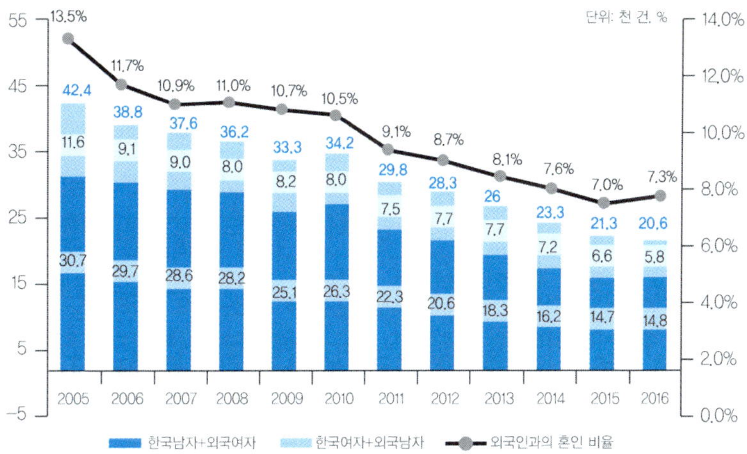

국제결혼 추이
(통계청, 혼인 이혼 통계)

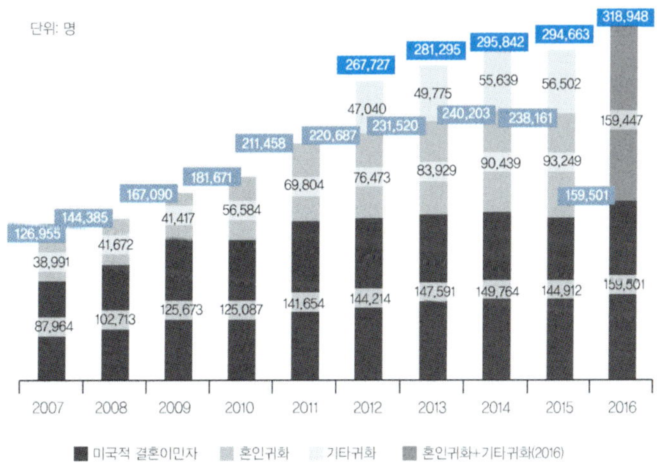

결혼이민자 및 귀화자 추이
(외국인주민현황조사)

[그림 8-1] 국제결혼 및 결혼이민자/귀화자 추이

출처: 여성가족부(2018).

다문화가족들은 10년 이상 장기정착비율이 2012년 34%에서 2015년 48%로 정착비율이 증가함에 언어 · 문화 차이에 따른 어려움은 감소하고, 자녀양육 및 경제적 어려움은 증가하는 추세이다. 또한, 다문화 가족의 자녀 수(18세 이하)는 약 20만 명으로 2020년에는 30만 명이 넘었으며, 국제결혼 비중이 높았던 2005년~2008년 입국한 결혼이민자의 자녀들이 성장하여 학령기에 본격 진입하게 되었다. 다문화가정 자녀들은 전체 학생의 취학률에 대비 낮은 수준으로 학교생활과 또래관계에 어려움을 겪는 것으로 나타났으며(2015년 다문화실태조사), 이에 초기의 '도입 및 성장기'에서 이제는 '정착기'로 들어선 다문화가정을 위한 맞춤형 정책지원의 필요하게 되었다.

3) 다문화가족정책 기본계획 방향

'모두가 존중받는 차별 없는 다문화 사회구현', '다문화가족의 사회 · 경제적 참여 확대', '다문화가족 자녀의 건강한 성장도모'의 3대 목표로 구성되어 있으며, 3차 다문화가족정책의 기본방향은 〈표 8-3〉과 같다.

〈표 8-3〉 3차 다문화가족정책 기본방향(2018~2022)

비전	참여와 공존의 열린 다문화 사회
목표	• 모두가 존중받는 차별 없는 다문화 사회 구현 • 다문화가족의 사회 · 경제적 참여 확대 • 다문화가족 자녀의 건강한 성장 도모
정책 과제	1. 다문화가족 장기정착 지원 • 결혼이주여성 인권보호 강화(가정폭력예방 및 대응체계 구축) • 국제결혼 피해예방 지원 • 안정된 가족생활 지원 • 서비스 연계 활성화
	2. 결혼이민자 다양한 사회참여 확대 • 자립역량 강화 • 취 · 창업 지원 서비스 내실화 • 사회참여 기회 확대
	3. 다문화가족 자녀의 안정적 성장지원과 역량 강화 • 안정적 성장을 위한 환경조성 • 학업 및 글로벌 역량강화 • 진로준비 및 사회진출 지원 • 중도입국자녀 맞춤형 지원
	4. 상호존중에 기반한 다문화 수용성 제고 • 정책환경에 대한 주기적 모니터링 실시 • 다문화 이해교육 활성화 • 다문화수용성 제고를 위한 미디어 환경 조성 • 지역 환경 조성 및 참여 · 교류 프로그램 활성화
	5. 협력적 다문화가족정책을 위한 추진체계 강화 • 정책추진체계 간 협력 강화 • 다문화가족 지원체계 내실화

출처: 여성가족부(2018).

4) 다문화가족정책 기본계획 특징

제3차 다문화가족지원정책은, 첫째, 기존의 정책에서 다루지 않았던 가정폭력피해 이주여성을 지원하기 위한 종합상담소(상담, 법률, 의료, 치유, 통역 등)을 신규로 설치하도록 하였다. 또한, 다문화가족과 다문화가족자녀에 대한 지원을 확대 강화하였으며 구체적으로 다문화가족을 지원하기 위해 가족관계 증진 프로그램을 다양화하고, 사례관리 사업과 정착단계별로 지원 패키지를 확대하고, 한국 국적 자녀를 양육하는 한부모 외국인에 대해서도 근로 · 자녀 장려금을 지원할 수 있도록 하였다. 특히, 다문화가족 자녀를 지원하기 위해 청소년 성장지원 사업을 추진하고, 성장 배경이 특수한 중도입국자녀 지원을 강화하기 위한 방안을 모색하도록 기본계획을 설정하고 있다.

이처럼 제3차 다문화가족지원정책은 다문화 수용성을 확대하기 위해 찾아가는 다문화 이해교육, 지역사회 다문화 우수 프로그램 발굴과 포상, 사회적 공감대 형성을 위한 프로그램을 확산하도록 계획하였다.

〈표 8-4〉 3차 다문화가정기본정책의 차별성

구 분	그간의 정책		3차 기본계획('18~'22)
국제결혼	• 결혼이민관 파견 후 중지	➜	• 결혼이민관 파견 추진
	• (女현지사전교육) 대면		• 교육방식 다변화(전화, 우편 등)
	• (男국제결혼안내프로그램)		• 시수 확대 및 인권 · 상호 존중교육 추가
가정폭력피해 이주여성 지원	• (상담소) 없음	➜	• 종합상담소(상담, 법률, 의료, 치유, 통역 등) 신규 설치 추진
	• (보호시설) 운영, 외국인등록해야 입소가능		• 확대추진, 외국인 등록여부 무관하게 입소 가능
	• (퇴소 후) 임대주택 지원		• 확대 추진
	• (자립지원금) 없음		• 신설추진

구 분	그간의 정책		3차 기본계획('18~'22)
다문화가족	• 가족관계 프로그램 운영	➜	• 가족관계 증진 프로그램 다양화, 사례관리 사업 및 정착단계별 지원 패키지 확대
	• 다문화가족이 직접 정책과정에 참여하는 '다문화가족 참여회의' 운영(5개 권역 대표)	➜	• 다문화가족 참여회의 지역 대표성 확대(16개 시 · 도 대표)
	• 한국국적 배우자가 있어야 근로 · 자녀 장려금 신청	➜	• 한국국적 자녀를 양육하는 한부모 외국인에 대해서도 근로 · 자녀 장려금 지원 가능
다문화가족 자녀	• 한국어 능력 향상, 학교생활 초기적응 지원(예비학교 확대, 기초학력 향상 지원 등) 중심	➜	• 청소년 성장지원 사업(자녀성장지원 프로그램, 이중언어 인재 양성 사업, 글로벌 브릿지 사업 등) 중점 추진 • 성장배경이 특수한 중도입국자녀 지원 강화(레인보우스쿨 확대 및 운영 방식 다양화, 취업사관학교 운영 · 훈련과정 확대)
다문화 수용성	• 대상별(공무원, 경찰, 종사자 등) 다문화 교육 실시 중심	➜	• 일반국민 대상 찾아가는 다문화 이해교육 활성화 및 부처 간 이해교육 협업체계 강화 • 지역사회 다문화 우수 프로그램 발굴 및 포상, 사회적 공감대 형성 프로그램 확신
정책 추진체계	• 다문화가족정책위원회를 통한 총괄 · 조정기능 강화	➜	• 위원회 간(다문화가족정책위원회 – 외국인정책위원회) 연계 강화 • 다문화가족지원센터 내실화(처우개선, 지역 여건별 통합 추진, 서비스 역량 제고)

출처: 여성가족부(2018).

2. 한부모가족지원법

「한부모가족지원법」은 1989년 「모자복지법」에서 제정되었다가 2020년 「모·부자 복지법」, 2007년 「한부모가족지원법」으로 법제명이 변경되었다. 「한부모가족지원법」은 한부모 가족이 건강하고 문화적인 생활을 영위할 수 있도록 함으로써 한부모가족의 생활 안정과 복지증지에 이바지함을 목적으로 하고 있다. 또한, 이혼율 증가로 인해 한부모 가족이 증가함에 따라 이들의 가족문제를 해결하고 정부차원에서 이들을 지원하기 위한 정책을 수립하기 위한 목적에서 제정되었다.

1) 한부모가족지원의 대상 및 범위

「한부모가족지원법」의 적용을 받는 대상은 배우자와 사별 또는 이혼하거나 배우자로부터 유기된 자, 정신이나 신체의 장애로 장기간 노동능력을 상실한 배우자를 가진 자, 교정시설·치료감호시설에 입소한 배우자 또는 병역복무 중인 배우자를 가진 사람, 미혼자가 해당되며 사실혼 관계에 있는 자는 제외하였다. 법을 적용받는 한부모 가족은 모자가족 또는 부자가족을 말하며, 24세 이하의 부 또는 모는 청소년 한부모라고 한다. 모자가족 또는 부자가족은 세대주이거나 세대주가 아니더라도 세대원을 부양하는 자를 의미하며, 아동은 18세 미만(취학 중인 경우에는 22세 미만)의 자를 말한다.

또 혼인 관계에 있지 아니한 자로서 출산 전 임신부와 출산 후 해당 아동을 양육하지 아니하는 모는 미혼모자가족복지시설을 이용할 때에는 「한부모가족지원법」에 따른 지원대상자가 된다. 또한, 부모가 사망하거나 생사가 분명하지 아니한 아동, 부모가 정신 또는 신체의 장애·질병으로 장기간 노동능력을 상실한 아동, 부모의 장기복역 등으로 부양을 받을 수 없는 아동, 부모가 이혼하거나 유기하여 부양을 받을 수 없는 아동과 그 아동을 양육하는 조부 또는 조모로서 여성가족부령으로 정하는 자 또한 「한부모가족지원법」에 따른 지원대상자가 된다.

2) 복지급여 신청 및 복지자금 대여

「한부모가족지원법」에 의한 복지급여의 내용으로는 생계비, 아동교육지원비, 아동양육비 그 밖의 다통령령으로 정하는 비용이 해당된다. 또한, 미혼모나 미혼부가 5세 이하의 아동을 양육하거나 청소년 한부모가 아동을 양육하는 경우에는 추가적인 복지급여를 제공할 수 있다.

국가나 지방자치단체는 한부모 가족의 생활 안정을 위해 사업에 필요한 자금, 아동교육비, 의료비, 주택자금, 그 밖의 대통령령으로 정하는 한부모 가족의 복지를 위해 필요한 자금을 대여할 수 있다.

3) 고용촉진과 고용지원

국가 또는 지방자치단체는 한부모 가족의 모 또는 부와 아동의 직업능력을 개발하기 위해 능력과 적성을 고려하여 직업능력개발훈련을 실시해야 한다. 한부모 가족의 모 또는 부와 아동의 취업기회를 확대하기 위해 한부모 가족 관련 시설 및 기관과 연계를 도모하도록 되어 있다.

4) 가족지원서비스

국가 또는 지방자치단체는 한부모 가족에게 가족지원 서비스를 제공하도록 노력해야 한다. 이에 해당되는 가족지원서비스의 내용으로는 아동의 양육 및 교육서비스, 장애인 · 노인 · 만성질환자의 부양서비스, 가사서비스, 교육 및 상담 등 가족관계증진 서비스, 자녀양육비 청구를 위한 법률상담, 그 밖의 대통령령으로 정하는 한부모 가족에 대한 가족지원서비스 등이 있다.

5) 한부모가족 정책에 관한 기본계획

여성가족부장관은 한부모가족 지원을 위하여 한부모가족 정책에 관한 기본계획(이하 "기본계획"이라 한다)을 5년마다 수립하여야 하며 〈표 3-5〉에 있는 내용이 포함되어야 한다.

〈표 8-5〉 한부모가족 정책 포함되어야 할 내용

한부모가족 정책 계획에 포함되어야 할 내용
• 한부모가족 지원 정책의 기본방향 • 한부모가족 지원을 위한 분야별 발전시책과 평가에 관한 사항 • 한부모가족 지원을 위한 제도 개선에 관한 사항 • 한부모 가족구성원의 경제 · 사회 · 문화 등 각 분야에서의 활동 증진에 관한 사항 • 한부모가족 지원을 위한 재원 확보 및 배분에 관한 사항 • 그 밖에 한부모가족 지원을 위하여 필요한 사항

다함께 생각해 보기

1. 「건강가정기본법」의 제정 배경 및 효과를 생각해 봅시다.

2. 「건강가정기본법」의 한계에 대해 토의하고 추후 삽입이 필요한 부분은 생각해 봅시다.

3. 「건강가정기본법」과 관련된 다문화가족지원정책, 한부모가족지원정책에 대해 유사점과 차이점에 대해 생각해 봅시다.

CHAPTER 09

건강가정지원센터의 이해

1절 건강가정사업 지원체계로서의 중앙건강가정지원센터

2절 건강가정지원센터 개요

Chapter 09

건강가정지원센터의 이해

1절 건강가정사업 지원체계로서의 중앙건강가정지원센터

1. 중앙건강가정지원센터의 역할과 기능

중앙건강가정지원센터가 기본적으로 수행하는 역할은 총괄기획, 조정, 지원 및 평가, 프로그램 개발, 연구, 정책개발 및 제안 등이라고 할 수 있다. 특히 2005년도 「건강가정기본법」의 시행에 따라 중앙건강가정지원센터는 지방의 건강가정지원센터가 지역사회에 빠르게 정착되고 지역사회 주민들에게 사업을 효과적으로 전개할 수 있도록 지원하는 역할에 큰 비중을 두고 있다.

거시적인 차원에서 「건강가정기본법」이 통합적 가정정책에 대한 국가의 실천의지를 표현한다는 맥락을 고려할 때, 중앙건강지원센터는 건강가정사업의 총괄기획과 연구, 정책개발, 지방 건강가정지원센터와의 연계, 공적 · 민간전달체계와의 네트워크 구축 등을 통하여 궁극적으로 통합적 가정정책을 실현해 나가기 위한 틀을 마련해야 한다는 점에도 주목할 필요가 있다.

중앙건강가정지원센터가 지방 건강가정지원센터와 연계하여 가정 업무의 통합성을 추진하고 이를 위한 사업수행의 틀을 구성하며 실천해 나가는 과정은 곧 통합적 가정 정책의 실현 과정과 직결된다는 점에서 그 역할과 기능이 매우 중요하다고 할 수 있다.

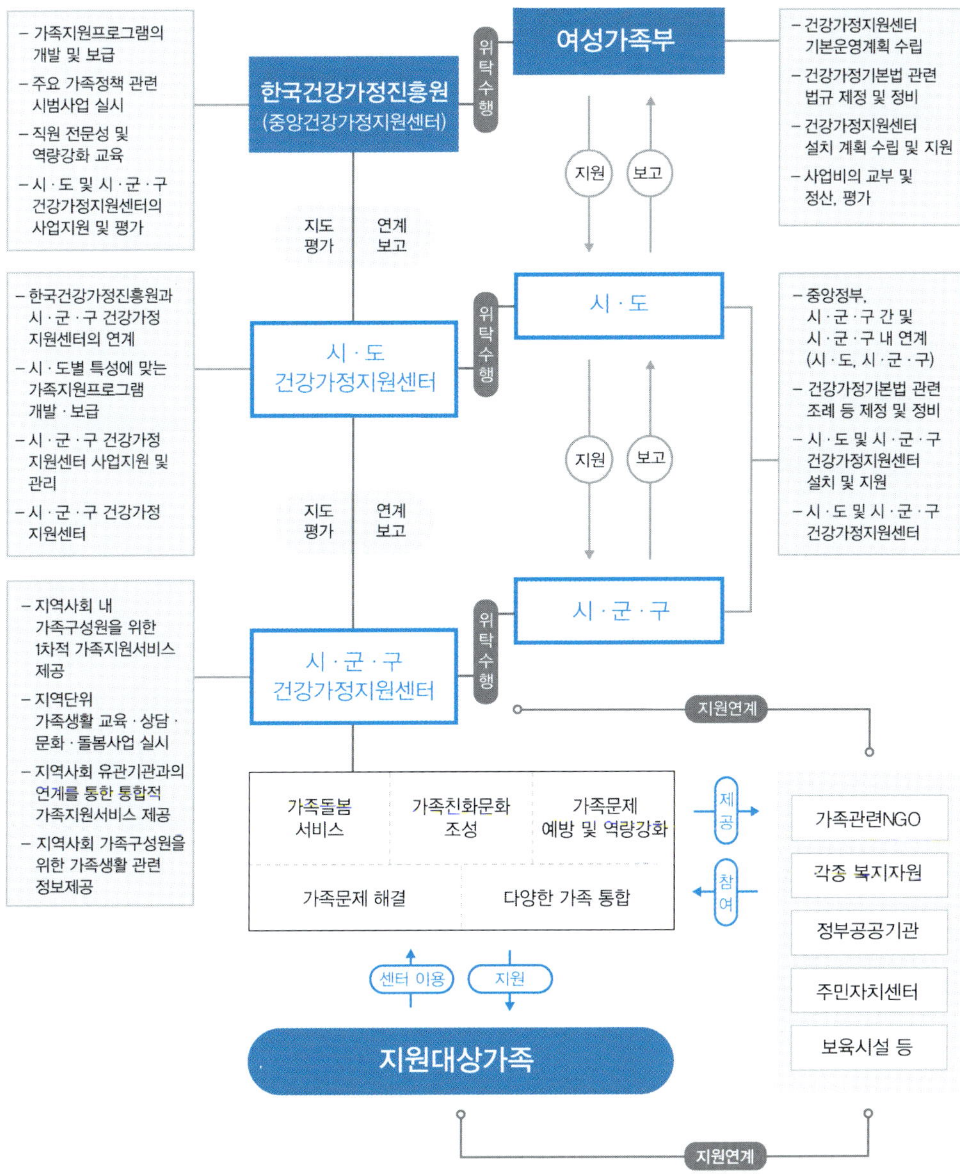

[그림 9-1] 건강가정사업의 지원체계도

출처: 건강가정지원센터 홈페이지(https://www.familynet.or.kr).

1) 통합적 가정정책 실현의 틀 마련

중앙건강가정지원센터는 중앙 차원에서 가정 업무의 통합성을 실현할 수 있는 틀을 개발, 제공하고 이를 지방 건강가정지원센터와 연계함으로써 전국적 차원에서 통합적 가정정책이 추진될 수 있는 핵심적인 역할을 수행한다. 이러한 역할과 기능을 수행하기 위해서는 현재 우리나라의 가정정책 현황과 관련 업무 담당 부서와 기구 등에 대한 파악, 외국의 가정정책 동향 수집 및 소개, 통합적 가정정책의 발전방안 연구과제 개발, 중장기 정책과제 제안 등과 같은 업무를 추진해야 한다.

2) 지역별 건강가정지원센터에 대한 지원 - 현황 파악, 조사, 지도, 프로그램과 정보 제공, 네트워크 구축의 틀 제공

중앙건강가정지원센터는 장기적으로 지역별 센터가 제공하는 건강가정사업의 질을 제고하는 기능을 유지하며, 전국 건강가정지원센터를 체계적으로 관리해야 한다. 따라서 전국 건강가정지원센터의 현황을 파악, 분석하여 효율적인 건강가정지원센터의 운영의 기초 자료로 활용하고 필요한 프로그램을 개발하여 제공하며, 공동으로 추진할 수 있는 건강가정 홍보와 문화운동 등을 기획하여 수행하여야 한다. 이를 위하여 기존의 건강가정 프로그램을 영역별로 수집하여 데이터베이스화하고, 지방 건강가정지원센터에서 필요할 때 효과적으로 보급함과 동시에 기존의 프로그램의 개발도 병행하여 다양하고도 세밀한 요구에 부응하여야 할 것이다.

지방 건강가정지원센터의 지원을 위한 가장 시급한 과제는 중앙건강가정지원센터와 전국의 지역별 건강가정지원센터와의 네트워크 구축 및 활성화를 통하여 정보와 자원의 교환, 지원, 교육, 재교육, 종사자 상담 등의 장, 즉 건강가정지원센터 커뮤니티를 마련하는 일이다.

3) 건강가정 관련 조사 연구

건강가정과 관련된 총괄적인 조사 연구를 통하여 향후 보다 체계적이고도 조직적인 건강가정사업 추진의 기반을 조성한다. 이를 위하여, 가정생활 실태 파악, 전국적인 가정 관련 통계, 실태 자료 수집 및 데이터베이스화, 제거, 건강가정사업 및 프로그램 개발 연구, 건강가정 요구도 조사와 척도개발 및 분석관리 등의 업무를 추진하여야 한다.

4) 교육 훈련과 상담, 인력 수급관리

중앙건강가정지원센터는 지역별 건강가정지원센터 종사자 교육, 재교육을 통한 인적 자원 개발과 향상의 조건을 체계적으로 마련하여야 하며, 종사자 수급관리 역할을 통하여 지역 건강가정지원센터가 지역사회에서 건강가정사업을 수행하는 다양한 인력을 적시에 활용할 수 있도록 지원하여야 한다.

5) 지방 건강가정지원센터 평가

지역의 건강가정지원센터가 목표 지향적이면서 효과적인 건강가정사업을 수행하여 「건강가정기본법」의 이념을 실현하고 지역사회의 다양한 가정의 건강성 증진에 기여하기 위해서는 적절한 수준에서의 평가와 감독이 필요하다. 이를 위해서 평가지표를 개발하고 긍정적인 평가결과가 나올 수 있도록 조력하는 역할을 수행해야 한다.

6) 전국적인 건강가정문화운동과 홍보

건강한 가정, 건강한 사회를 정착, 확산시키기 위하여 건강가정문화운동이 매우 중요하다. 따라서 중앙건강가정지원센터는 문화사업의 기획과 공동수행의 역할을 해야 하며, 이러한 가정 친화적이고도 건강한 문화를 주도하여 지역사회의 건강가정지원센터에 지원, 전달하고 효과적인 네트워킹을 통해 전국적으로 건강가정문화운동을 펼쳐 나가는 중심지로서의 역할을 하여야 한다. 따라서, 건강가정문화운동의 세부 전략과 방안, 기획과 시행, 전국적인 건강가정지원센터의 문화운동사업 지원 등을 통해 중앙과 지방이 연계하여 건강가정문화를 정착, 확산시킬 수 있는 추진력을 가져야 한다.

2절 건강가정지원센터 개요

건강가정지원센터는 여성가족부가 시행하는 가족정책의 주요 전달체계로서 다양한 가족지원 정책을 제안하고 실행하기 위해 설립된 기관이다. 즉, 건강한 가정생활의 영위와 가족의 유지 및 발전을 꾀하기 위하여 광역시 · 도와 시 · 군 · 구 단위에 설치하는 가족지원센터로서 건강가정사업을 수행하는 전달체계라고 할 수 있다. 가정문제의 예방, 상담 및 치료, 건강가정의 유지를 위한 프로그램 개발, 가족문화 운동의 전개, 가정

관련 정보 및 자료제공 등의 기능을 수행함으로써 가정기능 강화, 가정의 잠재력 개발, 가족공동체 문화 조성, 다양한 가정의 욕구 충족, 가정과 사회의 통합을 지향하는 사업들을 중심으로 진행하고 있다. 이처럼 건강가정지원센터는 궁극적으로 건강가정의 구현의 목표로 하면서 가족해체를 예방하고, 가정의 원활한 기능을 강화하는 건강가정사업을 추진하기 위해 설립되었다.

1. 건강가정지원센터의 설립목적 및 운영방향

건강가정지원센터는 '요보호가족뿐 아니라 모든 가족구성원을 위한 서비스 제공 및 평등으로 민주적인 가족관계를 지향, 가족 전체를 고려한 통합적 서비스, 가족문제 예방, 돌봄 및 가족기능 강화를 위한 포괄적 서비스 그리고 건강가정 서비스의 전문화를 위한 유관기관과 긴밀한 네트워크를 형성하여 효과적인 서비스 제공'이라는 설립목적을 가지고 있다. 건강가정사업의 방향은 요보호가족 중심지원에서 모든 가족에 대한 지원의 '보편성', 권위적 가족관계에서 평등하고 민주적인 가족관계 향상의 '평등성', 개별 가족의 부담에서 가족에 대한 사회적 책임성 강화의 '사회성', 단편적 · 개별적 정책에서 통합적 기획 · 조정 기능강화의 '통합성', 예방 · 돌봄 및 치료의 포괄적 서비스 제공의 '포괄성', 건강가정사업은 전문가 및 전문기관에서 수행하는 '전문성', 교육 및 문화운동을 통한 가족문제의 예방기능을 수행하는 '예방', 센터 상호 간 또는 센터 및 관련 기관과의 합리적인 수평적 · 수직적 연계 관계 수립의 '연계', 지역사회 서비스 네트워크의 조정 역할, 사례관리자의 역할 구성의 '조정'이다. 이 내용을 표로 정리해 보면 〈표 9-1〉과 같다.

〈표 9-1〉 건강가정지원센터 설립방향

구분	기존		방향
평등성	권위적 가족 관계	→	평등하고 민주적인 가족관계 향상
통합성	단편적 · 개별적 정책	→	통합적 기획 · 조정 기능 강화
사회성	개별 가족의 부담	→	가족에 대한 사회적 책임성 강화
보편성	요보호가족 중심 지원	→	모든 가족에 대한 지원

전문성	연계	조정	예방	포괄성
건강가정사업은 전문가 및 전문기관에서 수행	센터상호 간 또는 센터 및 관련 기관과의 합리적인 수평적 수직적 연계관계 수립	지역사회 서비스 네트워크의 조정 역할, 사례관리자의 역할 구성	교육 및 문화 운동을 통한 가족문제의 예방 기능 수행	예방, 돌봄 및 자료의 포괄적 서비스 제공

출처: 건경가정지원센터 홈페이지(https://www.familynet.or.kr).

2. 건강가정지원센터의 역할과 기능

시 · 도와 시 · 군 · 구 등 지역에 설치되는 건강가정지원센터는 지역사회 내에서 가정생활과 관련된 문제를 종합적으로 상담하는 1차적인 창구 역할을 수행해야 한다. 공급자 중심이 아닌 수요자 욕구에 맞는 복지서비스 전달체계인 건강가정센터는 해당 지역사회에서 건강가정사업을 수행하는 최일선 기관으로서 주민 교육, 상담, 문화사업 및 정보 제공 등에 주력하는 역할과 기능을 해야 한다. 이로써 지역주민 가까이에서 언제든지 쉽게 찾을 수 있는 커뮤니티 센터의 역할의 기능을 유지하고 지속적으로 확대 해야 한다.

1) 건강가정지원센터의 종류

(1) 건강가정지원센터+다문화가족지원센터 통합형

① 설치 목적 및 법적 근거

「건강가정기본법」 및 「다문화가족기본법」에 의하여 설치 · 운영되고 가족의 유형별로 이원화되어 있는 가족지원서비스를 가족의 유형에 상관없이 한 곳에서 다양한 가족에 대한 보편적이고 포괄적인 서비스를 제공하는 시 · 군 · 구 단위 센터이다. 「건강가정기본법」 제21조(가정에 대한 지원)과 제35조(건강가정지원센터의 설치)와 「다문화가족지원법」의 제6조(생활정보 제공 및 교육지원), 제12조(다문화가족지원센터의 설치 운영 등)의 법적근거에 의해 일반가정 및 다문화가정의 가정문제의 예방 · 상담 및 치료, 건강가정의 유지를 위한 프로그램의 개발, 가족문화운동의 전개, 가정 관련 정보 및 자료를 제공한다.

② 사업목적

• 가족의 유형별로 이원화되어 있는 가족지원서비스를 가족의 유형에 상관없이 한 곳에서 다양한 가족에 대한 보편적이고 포괄적인 서비스 제공

- 수혜자 중심의 서비스 확대 및 접근성 제고
- 지역여건 및 정책 수요자 특성에 맞는 맞춤형 서비스 강화
- 모든 가족에 대한 가족의 안정성 강화 및 가족관계 증진에 기여

• 다문화가족의 안정적인 정착과 가족생활을 지원하기 위해 가족 및 자녀 교육 · 상담, 통 · 번역 및 정보제공, 역량강화지원 등 종합적인 서비스를 제공하여 다문화가족의 한국사회 조기적응 및 사회 · 경제적 자립지원 도모

- 다문화가족의 정착단계 및 생애주기에 따른 맞춤형 서비스 제공
- 다문화가족 대상 통합교육 및 부모교육, 사회참여 지원 확대
- 다문화가족 자녀의 건강한 성장지원 및 글로벌 인재 육성
- 결혼이민자 맞춤형 일자리 참여 확대 등 사회경제적 자립 지원

③ 통합서비스 운영기관 현황

- 센터 수: 총 203개소

〈표 9-2〉 통합서비스 운영기관 설치현황

구분	계	서울	부산	대구	인천	광주	대전	울산	세종	경기	강원	충북	충남	전북	전남	경북	경남	제주
'14년	9	1	1	1	–	1	–	–	–	1	–	–	1	–	1	1	1	–
'15년	22	3	3	3	1	1	1	–	–	2	1	1	2	–	1	2	1	–
'16년	78	7	3	5	7	4	2	1	1	6	5	2	7	3	9	9	7	–
'17년	101	10	3	6	7	4	2	3	1	14	9	4	8	3	10	9	8	–
'18년	152	23	6	8	7	4	2	5	1	22	18	6	8	4	16	11	11	–
'19년	183	25	7	8	8	5	2	5	1	24	18	7	12	11	21	15	14	–
'20년	196	25	8	8	8	5	2	5	1	24	18	9	13	13	21	18	18	–
'21년	203	25	8	8	8	5	2	5	1	26	18	10	13	13	21	20	18	2

(2) 다문화가족지원센터

① 설치 목적 및 법적 근거

- 다문화가족지원센터(일반형): 「다문화가족지원법」 제12조(다문화가족지원센터의 설치 · 운영 등)에 따라 다문화가족지원사업을 수행하는 기관
- 다문화가족지원센터(확대형): 「다문화가족지원법」 제12조(다문화가족지원센터의

설치 · 운영 등)에 따라 다문화가족지원사업 및 기타 법령에 의한 가족지원사업을 수행하는 건강가정 · 다문화가족지원 통합서비스 운영기관(203개소)

② 사업목적

다문화가족의 안정적인 정착과 가족생활을 지원하기 위해 가족 및 자녀 교육 · 상담, 통 · 번역 및 정보제공, 역량강화지원 등 종합적인 서비스를 제공하여 다문화가족의 한국사회 조기적응 및 사회 · 경제적 자립지원 도모하는 것을 목적으로 한다.

③ 운영기관 현황

- 센터 수: 총 25개소

유형		계	서울	부산	대구	인천	광주	대전	울산	세종	경기	강원	충북	충남	전북	전남	경북	경남	제주
		25	–	6	–	1	–	3	–	–	5	–	2	2	1	1	3	1	–
다문화가족 지원센터 (일반형)	가형	11	–	1	–	1	–	–	–	–	5	–	–	2	1	–	–	1	–
	나형	14	–	5	–	–	–	3	–	–	–	–	2	–	–	1	3	–	–

(3) 건강가정지원센터

① 설치 목적 및 법적 근거

「건강가정기본법」 제35조에 따라 국가 및 지자체는 가정문제의 예방, 상담 및 치료, 건강가정 유지를 위한 프로그램의 개발, 가족문화운동의 전개, 가정 관련 정보 및 자료 제공을 위하여 중앙, 시 · 도 및 시 · 군 · 구 등에 건강가정지원센터를 설치한다.

② 사업목적

건강가정지원센터 설치 · 운영을 통해 수요자 중심의 서비스 전달체계를 갖추고 지역주민의 특성을 고려한 맞춤형 가족지원서비스를 제공함으로써 가족의 안정성 강화 및 가족관계 증진에 기여한다.

③ 운영기관 현황

유형	건가다가센터 통합서비스운영기관	건강가정지원센터
개소 수	203	18

〈표 9-3〉 건강가정지원센터 현황

	건강가정 · 다문화가족지원센터	다문화가족지원센터	건강가정지원센터
연혁	• '14년도~'15년도 통합서비스 시범사업(22개소) • '16년(78개소) → '17년(101개소) → '18년(152개소) → '19년(183개소) → '20년(196개소)	• 범부처 차원에서 「여성결혼이민자가족의 사회통합 지원방안」 마련('06. 4. 26.) • 「다문화가족지원법」 개정으로 다문화가족지원센터 설치 및 위탁운영 근거마련('12. 2월 개정) • 이혼 등의 사유로 해체된 다문화가족자녀에 대한 지원 특례 규정 마련('13. 8월 개정)	• '05년 건강가정지원센터 본격 실행(「건강가정기본법」 '05. 1.1. 시행) • '13년 건강가정지원센터 전국 151개소 설치 • '16년 건강가정지원센터 및 다문화가족지원센터 통합서비스 실시
법적 근거	• 「건강가정기본법」 – 법 제21조(가정에 대한 지원) – 법 제35조(건강가정지원센터의 설치) • 「다문화가족지원법」 – 법 제6조(생활정보 제공 및 교육지원) – 법 제12조(다문화가족지원센터 설치 · 운영 등)	• 「다문화가족지원법」 제12조(다문화가족지원센터의 설치 · 운영 등)	• 「건강가정기본법」 – 법 제21조(가정에 대한 지원) – 법 제35조(건강가정지원센터의 설치)

	건강가정 · 다문화가족지원센터	다문화가족지원센터	건강가정지원센터
사업 목적	• 가족의 유형별로 이원화되어 있는 가족지원서비스를 가족의 유형에 상관없이 한 곳에서 다양한 가족에 대한 보편적이고 포괄적 서비스 제공 • 다문화가족의 안정적인 정착과 가족생활을 지원하기 위해 가족 및 자녀 교육 · 상담, 통 · 번역 및 정보제공, 역량강화지원 등 종합적인 서비스를 제공하여 다문화가족의 한국사회 조기적응 및 사회 · 경제적 자립 지원 도모	• 다문화가족의 안정적인 정착과 가족생활을 지원하기 위해 가족 및 자녀 교육 · 상담, 통 · 번역 및 정보제공, 역량강화지원 등 종합적인 서비스를 제공하여 다문화가족의 한국사회 조기적응 및 사회 · 경제적 자립 지원 도모	• 건강가정지원센터 설치 · 운영을 통해 수요자 중심의 서비스 전달체계를 갖추고 지역주민의 특성을 고려한 맞춤형 가족지원서비스를 제공함으로써 가족의 안정성 강화 및 가족관계 증진에 기여
현황 (2021년 현재)	203개소	25개소(울릉군형 1개소)	18개소
주요 사업	• 가족관계 – 다문화가족 이중언어환경 조성 – 다문화가족자녀 성장지원 – 부모역할 지원 등 • 가족돌봄 – 가족역량강화 지원 – 다문화가족 방문서비스 • 가족생활 – 맞벌이가정 일가정양립지원 등 • 가족과 함께하는 지역공동체 – 결혼이민자 정착단계별 지원 패키지 – 가족봉사단 – 공동육아나눔터(자녀돌봄 품앗이)	• 가족 – 다문화가족 이중언어 환경조성프로그램 – 다문화가족 학령기 자녀 입학 및 입시 정보 제공 • 성평등 · 인권 – 가족 내 성평등 교육 – 인권감수성 향상 교육 • 사회통합 • 상담 • 홍보 및 자원연계	• 가족돌봄 나눔 – 모두가족 봉사단 – 모두가족 품앗이 – 아버지–자녀가 함께하는 돌봄 프로그램 • 가족교육 – 생애주기별 가족교육 – 남성대상 교육 • 가족상담 • 가족문화 – 가족사랑의 날 – 가족친화문화 프로그램 • 지역사회 연계

출처: 여성가족부 가족정책과(2020).

다함께 생각해 보기

1. 현대사회의 가족문제 예방 및 해결을 위한 건강가정지원센터의 지향점을 생각해 봅시다.

2. 지원체계로서 여성가족부, 중앙건강가정지원센터 등의 역할에 대해 생각해 봅시다.

3. 자신이 거주하는 지역의 건강가정지원센터의 기관유형 및 특성에 대해 알아보고, 지역을 특색을 반영하는 특화사업을 고민해 봅시다.

CHAPTER 10

건강가정지원센터의 사업운영

Chapter 10

건강가정지원센터의 사업운영

1절 건강가정지원센터의 사업운영 및 영역

전국의 건강가정지원센터는 가족문제의 예방과 해결을 위한 가족돌봄 나눔사업, 생애주기별 가족교육사업, 가족상담사업, 가족친화문화조성사업, 정보제공 및 지역사회 네트워크 사업을 추진하고 있다. 또한, 건강가정지원센터는 일반가족은 물론 한부모가족, 조손가족, 다문화가족, 일탈청소년가족, 군인가족, 수용자가족, 맞벌이가족, 이혼 전후 가족 등의 다양한 가족 지원을 위한 상담, 교육 및 문화 프로그램이 결합된 맞춤형 통합서비스를 제공하며, 아이돌보미 지원, 공동육아 나눔터사업 등의 돌봄지원사업, 취약가족과 위기가족을 위한 취약·위기가족지원사업, 미혼모부자가족지원사업, 기타 타부처와 유관기관과의 협력사업 등을 통해 다양한 가족 사업을 수행하고 있다.

건강가정지원센터의 다양한 사업영역은 [그림 10-1]을 통해 확인할 수 있다.

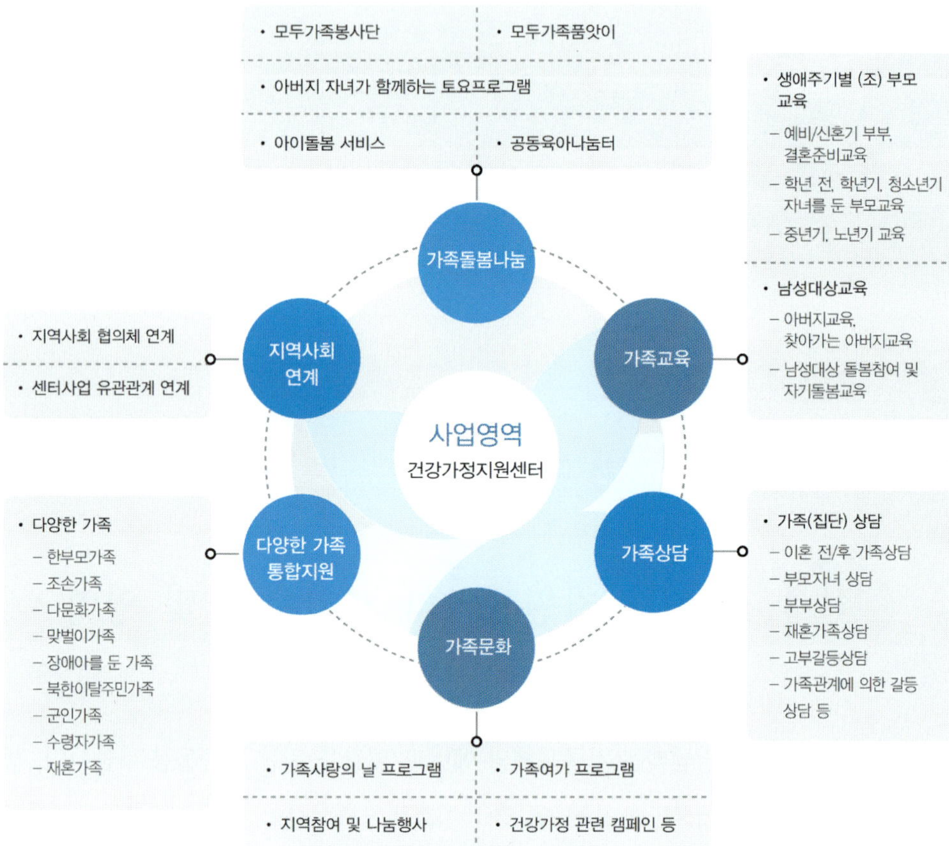

[그림 10-1] 건강가정지원센터의 사업운영 및 사업영역

출처: 건강가정지원센터 홈페이지(https://www.familynet.or.kr).

2절 건강가정지원 프로그램의 종류

1. 가족돌봄 나눔영역

돌봄의 개념은 시대와 공간에 따라 다르게 정의되며 '돌봄'은 '돌보다'의 명사형으로 사전적 의미로는 '관심을 가지고 보살피는 행위'이다. 가족돌봄 제공자란 돌봄을 제공하는 가족원으로 협의적 개념으로는 '일상생활 수행 능력 중 적어도 한 가지 이상에서 도움을 주는 주 수발자(Miller & McFall, 1991)'이다. 보다 포괄적인 개념으로는 '신체적, 경제적, 감정적 지지를 제공하는 사람(Scharlach et al., 1989)이며, 국내에서는 '돌봄에 대한 일차적인 책임을 가지고 실제적으로 돌봄에 가장 많은 시간을 할애하는 자'로 정의(조은영 외, 2010)하고 있다.

1) 돌봄의 의미

돌봄을 통하여 어떠한 대상이 위험, 곤란한 상황에서 벗어나, 안전하고 건강한 상태를 유지함으로써 궁극적으로 돌봄 대상 및 가족원의 삶의 질을 향상시키는 것이 주요 목적이라 할 수 있다. 돌봄의 의미를 협의적, 광의적 의미로 나눌 수 있으며, 기존의 전통적 의미에서의 의식주 관리 등의 보살핌을 넘어 돌봄대상 및 가족과의 긍정적인 상호관계 형성으로 돌봄 제공자의 보람과 내적성장을 도모하고, 더 나아가 지역 및 사회의 전반적 질적 수준 향상에까지 기여하는 것까지 돌봄이라 할 수 있다. 이와 같은 돌봄 개념의 확장은 기존 돌봄에 대한 시각을 확장하고, 가족의 돌봄 권리와 주체성이라는 긍정적 면을 확보한다는 점에서 그 의의가 있다.

〈표 10-1〉 돌봄의 의미

	협의의 돌봄	광의의 돌봄
돌봄 영역	기존 전통적 의미에서 돌봄 : 의식주 관리, 시중 · 간호, 수발 등의 보살핌	협의의 돌봄 이외, 가족관계, 소통, 민주적 가치, 성장 포함 전반적 생활영역의 보살핌
돌봄 내용	신체적 돌봄 위주의 관리적 돌봄	관리적 돌봄 이외, 정서적 돌봄 확장
돌봄 대상	자기 및 가족	자기 및 가족 이외, 이웃, 사회, 국가 세계의 개인 및 가족의 확장

출처: 박은경(2014) 재인용.

2) 가족돌봄나눔 주요사업

〈표 10-2〉 가족돌봄나눔 주요사업

사업명	목적	주요 내용
모두가족 봉사단	가족단위 봉사를 통해 바람직한 가족가치를 형성하고, 지역사회 참여의식을 고취	• 가족놀이 봉사(악기연주, 수화공연 등) • 발마사지 봉사 • 지역사회 노인 및 장애인 결연(돌봄) 봉사 • 지역사회 인식개선 봉사 등
모두가족 품앗이	품앗이 활동을 기반으로 지역공동체 회복과 가족친화적인 지역사회 조성(전업주부와 맞벌이 주부가 함께 운영하는 품앗이, 남성이 참여하는 품앗이 등 다양한 그룹 운영)	• 나눔가족 품앗이(나눔장터) • 예체능 품앗이(줄넘기, 미술 등) • 체험학습 품앗이 • 성인활동 품앗이(가족교육, 자녀성장교육 등)
아버지-자녀가 함께하는 돌봄 프로그램	아빠와 자녀가 함께하는 돌봄프로그램으로 자녀의 인지능력 촉진, 감정능력발달, 대인문제해결 사고, 학업성취 증가, 아버지 자녀관계 향상	• 아버지-자녀와 함께 가족돌봄 프로그램 • 가족요리활동 • 아버지와 함께하는 독서코칭 • 아버지와 함께 일상생활 놀이활동

출처: 여성가족부 가족정책과(2020).

2. 가족교육 영역

학령기 아동은 학교나 또래집단으로부터 영향을 받지만, 취약 전의 어린이에게 가족의 기초적인 사회화를 담는 인성 형성의 장(長)으로서 매우 중요한 역할을 담당하고 있다. 가족교육은 학교와 종교단체, 그리고 기타 사회단체에서 보다 나은 부모와 자녀 관계, 형제관계, 부부관계의 효과를 목적으로 공식적인 교육과정에 의해서 전개되는 교육활동, 가정에서 가정생활의 테크닉과 적절한 정보를 비공식적으로 습득하는 학습활동을 포함한다.

전통사회에서는 부모나 조부모가 주체가 되어 가족윤리와 가족문화를 다음 세대로 전하는 가정교육이나, 가족과 친족 등의 연대를 통해 비공식적으로 대부분의 가족문제를 자체 내에서 해결하였다. 그러나 기술과 지식이 급속하게 팽창되고 사회적 조건이 복잡한 현대사회에서는 이전의 세대나 전통가족으로부터 얻는 지식이 더 이상 적합하지 않고 충분하지 않게 되었다. 따라서 가족이 가지고 있는 많은 문제는 가족 밖의 전문기관을 통해서 대처되고 예방되어야 할 필요가 있다. 가족교육을 좁은 뜻으로 해석하는 입장에서는 부모가 자녀에게 행하는 의도적인 예절교육이나 훈련을 말하며, 광의적 해석으로는 가족의 연장자에 의해서 행해지는 의도적인 교육과 생활양식, 문화 등을 자녀가 자연스럽게 습득하는 무의도적인 인간형성 작용을 포함한다.

가족구성원의 잠재적 강점 기능을 발현시키고 역량을 강화하는 가족교육을 실시함으로써 가족관계 내에서 발생하는 문제를 사전예방하고 가족의 건강성 증진과 건강한 사회를 구현하는 데 목적을 둔다.

〈표 10-3〉 가족교육 주요사업

사업명	목적	주요 내용
생애주기별 가족교육	가족 내에서 발생하는 문제를 예방하고 가족구성원의 역량을 강화시키기 위한 부모, 부부, 조부모, 자녀 등 가족을 대상으로 한 생애주기별 다양한 교육	• 예비 및 신혼기 부부교육 (출산의 중요성, 서로의 차이점 인정하기, 신혼기 부부갈등의 요인과 해결, 의사소통, 가족계획 등) • 아동청소년기 부모교육 (아동청소년기 자녀특성 이해, 부모자녀 간 대화법, 스마트폰 중독 예방, 학습진로 및 지도방법 등) • 중년기 가족교육 (가족관계 변화 이해, 중년기 남녀의 갱년기 이해, 가족생활주기에 따른 건강한 의사소통 등) • 노년기 가족교육 (성공적 노년의 이해, 손자녀와의 관계형성, 건강을 위한 운동방법 등)
남성대상 교육	일 가정 양립을 위한 남성의 가족생활 참여 확대	• 아버지교육, 찾아가는 아버지 교육, 남성대상 자기돌봄 교육 등

출처: 여성가족부 가족정책과(2020).

1) 예비신혼기 부부교육

결혼을 앞두거나 교제 중인 미혼남녀 예비부부 및 신혼기 부부대상으로 진행하는 교육으로 본인뿐 아니라 상대방에 대해 이해할 수 있는 기회를 제공하고 결혼 초기 적응을 돕는 프로그램이다. 프로그램 내용으로는 결혼과 가족, 양성 평등한 부부관계 만들기, 의사소통 다루기, 부부갈등에 대처하기, 분노 조절하기, 사랑을 만들어 가기 등이 있다.

2) 아동기 청소년기 부모교육

학령기 아이를 둔 부모들 위한 교육으로 아이들과의 대화 방법, 아이들의 진로 지도, 아이들의 바람직한 행동 지도, 부모와 자녀가 스스로 삶의 주인이 되는 방법 등이 있고, '금성자녀와 통하는 화성부모'라는 프로그램으로 부모-자녀 간 효과적인 대화법, 자녀의 소비생활 지도방법, 자녀의 컴퓨터 중독 예방방법, 자녀의 학습 진로 및 지도방법, 자녀의 생활설계 지도방법 등이 있다.

3) 중년기 가족교육

중 · 노년기에 나타나는 신체적, 심리적 변화를 이해하고 이에 대한 극복 방안, 중 · 노년기 부부관계 및 부모자녀관계의 변화를 이해하고, 가족원들의 원만한 관계형성을 위한 나의 경제상태 이해, 현명한 소비생활에 대한 이해, 중년기 남녀의 갱년기 변화, 결혼을 지속케 하는 부부관계 향상 방안, 성인 자녀와의 관계 적응, 노부모와의 건강한 가족생활 전략 등이 있다.

4) 노년기 가족교육

자녀들의 결혼으로 변화하는 가족관계, 경제적 주도권의 쇠퇴, 돌봄이 필요한 노년기의 신체적, 경제적으로 새로운 역할 변화에 잘 적응하고 행복한 노년이 되도록 하기 위한 교육으로 노년기의 생산적 가족관계, 죽음준비, 건강한 생활, 알뜰한 소비, 마음을 여는 대화법 등이 있다.

5) 남성대상 교육

(1)남성대상 교육 프로그램

남성대상 교육 프로그램은 대학생 포함 일반 성인남성(다양한 연령층, 다양한 집단 발굴)을 대상으로, 사업방법은 회기와 건은 자유롭게 구성하고, 연간 20시간 이상 기업을 찾아가는 아버지 교육도 가능하다. 사업내용으로는 전국 건강가정지원센터에서 일-가정 양립을 위한 해결책으로 남성의 가족생활 참여를 확대시키기 위해 남성대상 교육을 확대 실시하고 남성의 자기 돌봄을 위한 교육을 시행하고 있다.

(2) 남성대상 교육 프로그램 방법

① 미혼남성 대상

남성의 가족생활 참여의 중요성, 결혼 및 출산의 중요성, 원가족에서의 성 역할 분담에 대한 분석, 나의 성 역할 의식 측정, 나의 아버지에 대해 남편과 아버지로서 보여지는 좋고 싫은 점, 나는 어떤 남편이 되어야 할까에 대한 토론 등, 의사소통과 갈등해결법, 미래 가족설계, 일-가정 양립의 중요성, 가족여가의 중요성을 다룬다.

② 신혼남성 대상

남성의 가족생활참여의 중요성, 출산의 중요성, 부모의 연령과 출산, 예비 부모교육, 자녀의 발달에 맞는 아버지교육, 양육에 있어 아버지 참여의 중요성, 성 역할 분담에 대한 분석, 나의 성 역할 의식 측정, 남편으로서 나의 장점과 단점, 가족과의 의사소통 방법, 아내와의 갈등해결 방법, 원가족에서 독립한 나만의 가족 생활설계, 가족과의 여가의 중요성, 일-가정의 양립의 중요성, 임산부의 특성을 다룬다.

③ **중년남성 대상**

남성의 가족생활참여의 중요성, 청소년 자녀와의 갈등해결 방법, 아내와의 갈등해결 방법, 중년남성의 변화와 특성, 가족여가의 중요성, 일-가정 양립의 중요성, 노년기 가족생활준비, 아버지 교육, 부부 공동 여가활동 개발의 중요성을 다룬다.

④ **노년남성 대상**

남성의 가족생활참여의 중요성, 성인 자녀와의 갈등해결방법, 부부간 은퇴 후 가족 생활설계, 부부여가활동, 은퇴 후 자산관리 등을 다룬다.

⑤ **직장남성 대상**

일-가정 양립의 중요성, 아버지교육, 가족여가의 중요성을 초점으로 가족돌봄 교육의 경우, 스스로의 생활을 책임질 수 있도록 하는 교육, 즉 생활에 필요한(특히 남성들을 대상으로) 의식주 해결을 위한 가사 노동의 중요성, 생활 관련 행정업무, 자녀관계를 비롯한 인간관계, 노후설계 교육 등을 다룬다.

3. 가족상담 영역

가족상담 사업은 개인과 가족을 대상으로 이뤄지는 상담으로, 주요 내용은 부모자녀 관계, 부부자녀관계, 부부갈등과 문제 등 가족관계에 대한 상담이 주를 이루고 있다. 센터에서의 상담사업은 면접상담이 대부분을 차지하고 있어 가족문제에 관한 전문적 상담기관으로서의 역할을 수행한다. 뿐만 아니라 센터의 상담사업은 가장 일상적이면서도 지속적으로 서비스가 제공되는 사업 영역으로써, 교육 및 문화사업과 유기적으로 연계되어 진행될 뿐 아니라 가족지원, 취약 가정을 위한 사례관리 사업 등과의 밀접한 관련을 가지고 있어 건강가정센터의 상담사업은 가장 기본적이며 또 가장 중요한 사업 영역이라 할 수 있다.

1) 가족(집단)상담 의미와 목적

한 가족구성원에게 나타나는 역기능적 행동이나 증상을 가족체계가 불균형을 이루는 데서 오는 가족 전체의 문제로 보고 개인뿐만 아니라 가족이라는 체제에 관심을 둔다. 따라서 상담 중에 나타나는 가족구성원의 관계성에 초점을 맞추어 가족의 체계를 변화시켜 가족구성원들의 증상을 제거하거나 문제를 개선시키려 한다. 치료의 기본적 방법은 집단면접이며 치료단위는 증상을 나타내는 개인이 아니라 가족이 된다.

가족관계 내에서 나타나는 여러 가지 갈등 및 문제 상황을 면접 상황, 전화상담, 사이버 상담, 집단상담 등의 방법으로 문제해결을 유도하고 개인 및 가족의 역량을 강화시키는 데 목적을 두고 있다. 이에, 가족상담은 생애주기에 따라 발생되는 가족 내 다양한 갈등과 문제의 해결을 위한 상담사업과 개인을 대상으로 하는 개별적 접근과 가족구성원이 함께 참여하는 가족단위의 통합적 접근을 포함하고 있다.

〈표 10-4〉 가족상담 주요사업

사업명	목적	주요 내용
이혼 전후 가족상담	이혼을 고려하고 있는 가족 또는 이혼으로 인한 한부모가족을 대상으로 가족의 관계성 회복 및 가족 건강성 증진을 위한 상담	• 이혼예방을 위한 갈등해결 상담 • 이혼 시 자녀양육 문제 상담 • 이혼 후 생활에서 분노, 상처, 두려움에 관한 상담 • 이혼으로 인한 부작용 및 부적응 문제 • 자조모임 집단형성을 통한 사회적 지지망 구축

사업명	목적	주요 내용
일반 가족상담	모든 가족관계 내에서의 갈등과 문제예방 및 해결	• 가족구성원의 내면 감정 표출하기 • 가족구성원 간의 갈등 상황 상담 • 부모-자녀관계의 회복 도모 • 가족구성원 간의 관계증진 등
집단상담	집단상담을 통한 관계향상, 문제예방 및 해결	• 사회성 향상을 위한 아동 상담 • 부모-자녀 관계향상 집단상담 • 부부관계 향상 집단상담 • 인터넷 중독 집단상담 등
심리검사 및 치료	모든 가족들을 대상으로 자아탐구 및 문제해결	• 심리검사(에니어그램, MBTI) • 심리치료(미술, 음악, 언어 등)

2) 이혼 전후 가족상담

이혼 전후 가족상담은 이혼을 고려하거나 경험하는 개인, 부부 및 가족들로 하여금 보다 만족스러운 생활양식을 확립하도록 도와주는 과정으로, 대체로 학자들은 이혼 전후의 가족상담을 3단계로 구분하고 있다.

(1) 이혼 전 의사결정 단계

이 단계는 이미 존재해 왔던 결혼생활의 갈등과 이혼을 고려하는 단계 이후에 진행되는 과정으로 이 단계에서는 왜 결혼생활이 불행해졌는지를 인식하도록 돕고, 부부의 욕구를 결혼 내에서 충족시킬 수 있는지, 아니면 대안적 해결을 모색해야 하는지를 결정하도록 돕는 과정이다.

(2) 재구조화 단계

불만족한 결혼 관계에 대한 해결책으로 이혼을 선택하는 단계로, 상담의 목표는 이혼 의사결정이 내려졌다면 양쪽 배우자에게 이에 따른 이점을 재확인하는 기회를 제공하거나, 이혼을 원치 않는 배우자가 이의 불가피성을 받아들이도록 돕는 과정이다.

(3) 이혼 후 회복단계

부부가 각자의 삶을 재구축하고 상실을 다루고, 대안적 관계를 발달시키도록 돕는 과정으로, 이혼 전후 가족상담에서는 이혼과 관련된 법적인 절차뿐만 아니라 이혼자들이 경험하는 실제적인 영역들에 대한 지식을 제공함과 아울러 이혼 적응을 용이하게 할 수 있도록 돕는 내용이 모두 포함된다.

3) 일반 가족 상담 지원사업

경제적 · 신체적 · 정서적 위기로 어려움에 빠진 가족들은 여러 가지 복잡한 문제들로 인해 가족이 해체되는 지경에까지 이르게 된다. 위기에 처해 있는 취약가족들은 상담을 받기 위해 찾아오기도 힘들고, 해결방법을 찾을 힘조차 없는 경우가 많다. 이렇게 위태로운 상황에서 가족이 해체될 위기에 처한 가족으로 하여금 문제를 해결하고 가족의 건강성을 강화시킬 수 있도록 심리 · 정서적 지원, 자원연계 등을 해 주는 것이 위기 가족 상담 사업이다. 이 사업은 긴급한 상담 및 개입이 필요한 가족, 가족관계의 악화로 생활기능에 제한이 있어 생활이 어려운 자, 가족 간 갈등 및 불화로 가족해체의 위험이 있는 가족 및 취약가족을 찾아가거나 센터로 내방하게 하여 상담하고, 내담자에게 필요한 자원을 연계하고, 연계하기 위한 네트워크를 구축하며 상담 후 관리해 주는 것이다.

4) 자조모임

자조모임이란 특정 부분에 있어서 부족하거나 어려움을 느끼는 사람들이 함께 배우고 도움을 주고받고자 자발적으로 조직된 모임이다. 대개는 어떠한 문제의 해결이나 경제적인 이득보다는 심리적 상처의 치유와 상호 지지와 격려를 얻는 데 목적을 둔다.

자조모임에 참가하는 사람들은 동일한 상황에 있는 사람들을 보면서 자신의 현재 상태에 대한 사실과 지식을 얻게 되는 한편, 그런 상황에서도 성공적으로 극복해 가는 사람들에게서 상황에 대한 대처기술을 학습할 수 있게 된다. 또한, 비슷한 경험을 가진 사람들과 함께하면서 소외감이나 고립감에서 벗어나고 그들로부터 동기와 지지를 얻게 된다. 건강가정지원센터에서는 한부모 가족이나 장애인 가족, 다문화 가족 등 특정한 문제나 욕구가 있는 가족들이 자조모임을 구성하고 운영하도록 지원하고 있으며, 집단상담 또는 한부모 집단상담 등의 사업에 참여한 가족들이 사업 종결 후에 자조모임을 갖기도 한다.

4. 가족문화 영역

가족문화는 한 가족이 공동의 목표를 가지고 모여 살면서 서로 협력하는 가운데 그 가족만이 갖는 고유한 생활습관이나 행동유형, 가풍을 말한다.

가족문화사업은 가족화합과 가족통합에 도움이 되는 가족단위의 문화 서비스를 제공하고, 다양한 가족과 연령층을 고려한 여러 가지 문화프로그램을 통해 지역사회의 역량 강화와 삶의 질을 높이고 가족친화적인 역사문화를 확산시킨다. 또한, 양성평등한 가족문화, 공동체 문화를 형성함으로써 가족친화적인 마을, 가족친화적인 사회를 만들어 가는 데 목적이 있다.

〈표 10-5〉 가족문화 주요사업

사업명	목적	주요 내용
가족사랑의 날	가족공동체적인 지역사회를 조성하고 사회통합을 실현(다문화가족과 일반가족 모두 참여)	• 가정헌법 만들기 • 가족티셔츠 및 가족체험활동 등
가정의 달 행사	가족 및 이웃이 함께 어울리는 지역문화의 장을 제공함으로써 가족 간 유대감을 증진	• 가족체육대회 • 가족사진 공모전 • 가족캠프 등
캠페인	평등한 의식을 갖고 문화를 확대하고 건강한 가족의식 확립	• 건강가정 캠페인 • 출산장려 캠페인 • 건전한 결혼문화 조성 및 홍보 캠페인

1) 가족 문화활동

가족 문화활동이란 가족이 함께하는 문화활동으로 단순히 가족이 함께 있거나 노는 것이 아니라 함께 활동하면서 가족 간 친밀감을 높이고, 가족관계를 양성평등하게 하며, 가정의례를 건전하게 발전시켜서 가정 생활 문화의 질을 개선하고 변화시키기 위한 것이다. 구체적으로는, 가족체험활동, 민주적이고 양성평등한 가족 문화 확산을 위한 활동, 건전한 가족의례 문화를 선도하는 활동, 개별 가족을 큰 가족 공동체의 울타리로 묶어 주는 활동 등이 있다. 바쁜 일상 속에서 가족과 함께 시간을 갖기 어려운 가족들에게 특별한 감성과 추억을 만들어 주는 가족체험활동은 가족캠프, 가족놀이 한마당, 가족운동회, 가족축제에 부모 자녀가 함께 참여하여 시간을 보내면서 서로를 이해하고 즐거운 시간을 가지며 가족 간에 친밀감도 높이고 건전한 가족단위 여가문화의 확산에도 기여하는 것이다.

민주적이고 양성평등한 가족문화활동이란 평등한 가사분담과 연휴 활동에 대한 인식을 제고시키기 위한 것으로 설과 추석 같은 명절 때 온 가족이 함께 일하고 함께 즐기는 명절 캠페인 활동, 가족 간 세족식 등의 프로그램이 있다.

건전한 가족문화의 계승과 발전을 위한 활동이란 세대 간 문화의 격차를 없애고 가족의 문화를 시대에 맞게 발전시켜 우리의 아름다운 가족문화를 건전하게 계승하고자 하는 것이다. 이를 위한 활동으로는 단오와 같은 세시풍속의 이해와 체험, 가족 단위 송편만들기, 성년식, 건전한 혼례와 상례문화 지도, 생활의례와 차 생활예절 체험 활동 등이 있다.

2) 지역 가족행사 사업

(1) 가족의 날 행사

특정한 날을 가족의 날로 지정하고 홍보해서 그날만큼은 가족이 함께 시간을 보내도록 하는 사업이다. 건강가정지원센터에서는 매월 00주 0요일 저녁을 '가족사랑의 날'로 지정해서 가족이 함께 시간을 보내고, 이웃과 함께 활동할 수 있도록 돕고 있다. 이날만큼은 직장인은 정시에 퇴근하여 가족들이 한자리에 모일 수 있는 기회를 가지도록 캠페인을 진행하며, 전국의 건강가정지원센터에서는 패밀리 데이(Fammily day)에 가족이 함께할 수 있는 문화프로그램을 제공하고 있다. 최근에는 비대면 체험활동들도 활성화되고 있다.

2021 홍보52

행복한 가족을 디자인하는 커뮤니티 플랫폼

패밀리가 떴다

5월

매월 둘째주 금요일은

가족사랑의 날

1. 참여대상 : 18세미만 자녀를 둔 20가정

- 1순위 : 4월 17일 어머니성교육, 24일 아버지성교육 참여자 2순위 : 신규가정 3순위 : 1,2순위 제외가정

2. 내 용 : 가족과 함께 쿠키집 만들기 -- 비대면

3. 신청기간 : 2021. 04. 26(월) 09:00 ~ 04. 30(금) 18:00까지 - 선착순

- 가족사랑의 날 1회기 ~ 3회기 참여자 참여 불가

4. 신청방법 : 홈페이지 신청가능 - 김 천시건강가정다문화가족지원센터

http://gimcheon.familynet.or.kr/ - 로그인 - 프로그램 안내 - 프로그램목록

- 가족사랑의 날 '가족과 함께 쿠키집 만들기' - 참여가족 전원 등록

일 시	내 용	활동장소
2021. 05. 14(금) 10:00~20:00	- 쿠키집만들기 키트 배분	- 센터 주차장
2021. 05.14(금) ~ 2021.05.16(일)	- 가족과 함께 쿠키집 만들기 - 만들기 사진 촬영	- 각가정
2021.05.16(일) ~ 2021.05.19(수)	- 만들기사진, 만족도, 요구도 제출	- 온라인

5. 문 의 : 054-431-7740 가족교육문화팀 김미선

김천시건강가정다문화가족지원센터

[그림 10-2] 가족의 날 예시

출처: 김천시건강가정지원다문화가족지원센터 홈페이지.

5. 가족역량강화 지원사업

1) 가족역량강화 지원사업 대상 및 내용

가족역량강화 지원사업은 취약·위기가족이 가진 복합적 문제해결 및 욕구해소를 위해 지속적인 사례관리를 통해 가족기능 회복과 정서·경제적 자립역량 강화를 도모하는 것을 목적으로 센터 1개소당 사례관리 대상 30~50가구(실무자 3인 기관 기준, 1인당 15~20가구)를 지원한다.

주요내용으로는 취약·위기가족들을 위한 심리·경제적 자립, 역량강화를 위한 지속적인 사례관리, 정보제공 및 지역사회 자원 활용·연계, 부모교육, 가족관계, 자녀양육교육 등 프로그램 및 자조모임, 자녀 학습·정서지원(배움지도사 파견), 생활도움서비스(키움보듬이 파견), 긴급 위기지원(지지리더, 키움보듬이 파견), 법원연계 이혼위기가족 지원 사업으로 이혼위기가족 특화 지원사업을 진행한다.

가족역량강화 지원사업 대상은 기준 중위소득 100% 이하 (손)자녀를 양육하는 한부모 가족, 조손가족 등 가족기능 및 역량 강화를 위해 지원이 필요한 가족으로, 복합적인 문제를 가지고 있어 사례관리가 필요하다고 판단되는 가구로 초기상담, 사례회의, 사례선정 위원회 등을 통해 사례관리가 필요한 대상자 가구를 선정한다. 또한, 재난·사고 등 경제·사회적 위기사건을 직면한 위기가족으로, 위기사건 때문에 긴급지원이 필요하다고 판단되는 경우나 사례관리 대상자 중 긴급위기 상황이 발생한 경우가 이에 해당된다. 사례관리는 다양한 사회복지실천현장에서 복합적이고 장기적인 욕구로 인해 도움이 필요한 클라이언트와 가족을 돕기 위해 공식적, 비공식적인 자원을 연계하고 활용하여 통합적이고 체계적인 사회복지서비스를 제공하는 통합적인 실천방법으로 주목받고 있는데(홍선미, 2004), 사례관리는 클라이언트에게 필수적인 자원을 연계하는 기능과 클라이언트가 자신의 문제를 스스로 해결할 수 있도록 역량을 강화하는 기능, 이 두 가지 기능이 가장 핵심기능이라고 할 수 있다.

2) 가족역량강화 지원사업 진행과정

① 대상자 발굴 → ② 초기상담 → ③ 사례관리 등록 → ④ 욕구 및 강점사정 → ⑤ 서비스 계획 → ⑥ 서비스 제공 → ⑦ 서비스 점검 → ⑧ 서비스 평가 → ⑨ 서비스 종결 → ⑩ 사후관리

① **대상자 발굴**: 대상자 선정기준에 맞는 사례발굴을 위해 지역사회 다양한 기관과 연계

② **초기상담**: 주요문제나 욕구의 확인을 통해 사례관리대상자 여부를 판단하는 과정

- 초기상담은 의뢰기관이 제공한 정보를 포함하며, 이미 수집된 정보가 있다면 이를 적극적으로 활용
- 사례회의를 통해 복합적 문제 해결을 위한 역량, 자원과 정보가 부족한 가족을 대상자로 선정
- 사례관리대상자를 선별하기 위해서는 1회성 상담이 아니라 몇 차례의 추후 상담을 통해 필요한 정보를 보완

  * 취약가정: 자기효능감 및 가족기능 척도 사전조사 실시(부록－척도 1, 2)

  * 조손가족: 효과성 척도(부록－척도 7) 활용

* 긴급위기가족: 개인 및 가족 위기성 진단 척도, 외상후스트레스 진단 척도, 우울 척도, 사건충격 척도 활용(부록–척도 3, 4, 5, 6)

③ **사례관리 등록**: 사례관리 서비스에 대한 서면동의를 통해 사례관리 대상자로 등록

- 대상자에게 사례관리의 의미, 주요 진행방식 등에 대해 구체적으로 설명
- 협력적인 노력에 대한 동의 및 계약

④ **욕구 및 강점사정**: 사례관리자와 대상자가 함께 대상자의 욕구에 관한 정보를 수집 및 분석하고 우선순위를 정하고 종합하는 과정(부록–서식 1, 2)

⑤ 서비스 계획

- 사정단계에서 파악된 사례관리 대상자와 그 가족이 처한 상황과 서비스 욕구, 문제해결 방향에 대한 욕구를 근간으로 함
- 사례관리자의 전문적 판단이 종합적으로 고려되어 변화목표와 이에 따른 서비스 제공·연계의 구체적인 계획을 수립

  * 서비스 전반계획 수립: 사례관리자가 가정의 욕구사정결과를 바탕으로 서비스 전반에 대한 계획 수립(부록–서식 3)

⑥ 서비스 제공

- 서비스 계획을 실행하는 과정으로 대상자에게 적합한 서비스와 자원을 확보하여 직·간접 서비스를 제공
- 매 회 서비스를 제공한 후 서비스 제공보고서를 작성 후 제출
- 부모교육 및 가족상담서비스 진행 시, 전문상담사는 가정의 상황을 모니터링하여 사례관리자에게 보고
- 해당 가정에 대한 사업지원인력(전문상담사 포함)과 사례관리담당자는 유기적인 보고를 통해 서비스 제공 현황 정도를 파악

⑦ 서비스 점검

- 계획서를 중심으로 6개월 이내 재사정 실시
- 서비스가 계획대로 진행되었는지, 대상자의 환경 및 욕구에 변화가 발생하였는지 여부를 점검

⑧ 서비스 평가

- 사례관리대상자(가구)의 욕구와 문제가 개입과 점검을 통해 목표 대비 어느 정도 개선 · 향상되었는지를 확인하는 과정
  * 서비스 계획 단계에서 설정한 목표가 달성되었다고 생각될 때, 또는 서비스 제공 시작 후 만 1년이 되는 시점에 실시
  * 서비스 점검표를 바탕으로 서비스 과정에 대한 평가를 실시
  * 서비스 만족도, 목표달성정도, 대상자의 변화상황은 면접상담을 통해 평가
  * 취약가정 대상 가족기능 및 자기효능감 사후조사 실시(부록－척도 1, 2)
- 서비스 완료 후 평가 결과 등을 사례관리회의에 보고

⑨ 서비스 종결

- 평가를 통해 대상자의 상황 호전 등으로 더 이상 서비스 제공이 필요 없다고 판단된 경우
- 대상자의 사망, 3개월 이상의 연락두절, 본인의 희망 등 서비스 제공이 불가한 경우
- 종결 후 사후관리 진행 여부를 결정

⑩ 사후관리

- 종결 이후 1개월, 3개월, 6개월의 기간을 두고 변화상황 안정화 여부를 모니터링하고, 재개입 필요성을 조기에 판단하기 위한 목적으로 수행
- 서비스 대상자와 함께 합의한 계획의 이행여부를 점검하고 이행정도에 따라

센터 내 가족상담, 지역품앗이, 집합교육 등 건강가정지원센터의 프로그램으로 연계 가능

사례회의와 슈퍼비전

- 사례회의
  - 목적: 대상자가 가장 만족하는 서비스를 가장 효과적으로 제공할 수 있는 방법을 모색하며, 사례관리 전 과정에 대해 협의하고 조정함
  - 내용: 적격심사, 유형분류, 욕구사정 및 개입방법, 서비스 목표 협의, 서비스 계획 수립, 종결여부, 긴급상황 발생 시 대처방법 등에 대한 협의와 사례정보 공유, 사정에 대한 자문, 개입방안과 자원의 활용, 사례개입을 위한 역할분담, 점검과 재사정, 평가결과 공유 등을 진행함
  - 방법: 센터 내부적으로 진행되는 회의(내부사례회의)와 지역을 기반으로 실시하는 사례회의(통합사례회의)로 운영하며, 필요와 여건 등에 따라 적절한 방식을 선택함

  ※ 진행과정 중 필요하다고 판단되는 경우에 진행하며, 회의결과는 모두 기록함

- 슈퍼비전
  - 목적: 사례관리자의 역량(업무능력, 지식과 경험 등)을 강화하고 대상자에게 효과적으로 서비스를 제공하기 위해 운영함
  - 내용: 사례관리 개입방법과 사례관리 실천기술에 대한 지원, 사례관리자의 책임성, 윤리와 가치에 대한 조언, 사례관리자의 업무수행을 위한 심리적 지원 등을 다룸
  - 방법: 가능한 정기적으로 운영하며 개별, 집단, 동료슈퍼비전 등 다양한 유형으로 운영 가능함. 슈퍼바이저는 내부상급자(팀장)이거나 외부 전문가를 활용함

  ※ 필요와 여건 등에 따라 적절한 방식 선택

다함께 생각해 보기

1. 건강가정지원센터의 다양한 분야의 사업들 중 예방적인 사업과 문제해결적인 사업에 대해 구분하고 실천방법에 대해 생각해 봅시다.

2. 일반 및 다문화가정의 위기상황이 증가함에 따라 가족역량강화 지원사업이 더욱 증가하고 있습니다. 일반적인 사례관리와 달리 건강가정지원센터 내 가족역량강화 지원사업이 더욱 강조해야 하는 것은 무엇인지 토론해 봅시다.

CHAPTER 11

건강가정지원센터의 실무

1절 건강가정지원사업의 운영 체계

2절 건강가정사업 프로그램 개발

Chapter

11 건강가정지원센터의 실무

건강가정사업은 미시적으로는 개별 가족의 기능 강화와 잠재력 개발, 거시적으로는 사회 유지와 발전이라는 목적을 달성하기 위하여 진행되는 체계적이고 합목적적인 활동이다. 일반적으로 건강가정사업의 필요성을 확인하고 사업에 필요한 자원을 투입해서 계획을 수립·실행하며 그 결과를 평가하고 피드백을 하는 일련의 체계적인 과정으로 진행된다.

1절 건강가정지원사업의 운영 체계

건강가정사업을 효과적·효율적으로 운영하려면 건강가정사업의 전반적인 운영체계와 업무의 흐름을 이해하는 것이 필요하다. 건강가정사업은 기획 → 진행 → 결과평가(산출) → 피드백(feedback)의 단계로 진행된다.

사업기획이란 사업에 대한 의견을 모으고 기본적인 틀을 세우는 것이며, 기획단계에서 여러 가지 조건이나 상황을 검토하여 사업이 필요하고 가능하다고 확인되면 실천계획을 수립하는 것으로 진행된다. 사업진행 단계는 계획안대로 실행하는 것이다. 사업을 수행한 후에는 평가하고 그 결과를 환류하여 다음 사업에 반영시키게 된다.

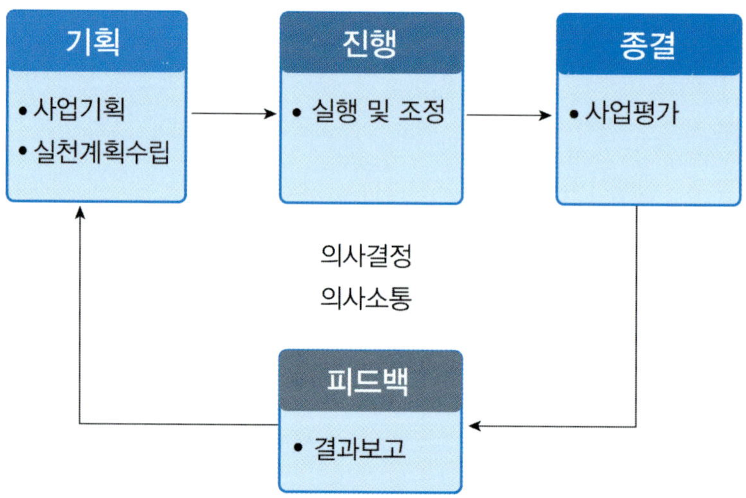

[그림 11-1] 건강가정사업의 운영체계

2절 건강가정사업 프로그램 개발

건강가정사업을 효과적으로 수행하고 제반 목표를 달성하기 위해서는 구체적이고 효율적인 다양한 프로그램이 개발되고 실행되어야 한다. 프로그램이란, 특정 목적을 달성하기 위해 설계된 조직화된 활동들의 모임(Royse, 2001)이며, 프로그램 개발은 어떤 목적하에, 누구를 대상으로, 어떤 내용을, 어떤 방식으로 제공하고 실행할 것인가, 그리고 실행된 프로그램의 효과를 어떻게 검증할 것인가를 포함한 일련의 계획, 즉 기획을 의미한다. 교육뿐만 아니라 생활복지의 측면에서 서비스를 제공하는 건강가정 프로그램은 교육이라는 한정된 개념보다는 상담, 문화, 집단활동 등의 과정을 포함하는 보다 광범위한 다양한 활동을 모두 포괄해야 한다.

1. 사업의 기획

기획(Planning)이란 구체적인 행동을 실행함에 앞서 그에 대한 일련의 계획을 수립해 나가는 과정으로, 목적이나 행동을 생각하는 특정한 방법을 의미한다. 프로그램 기획을 이해하기 위해서는 계획의 의미를 이해하고 두 개념의 관계를 이해하는 것이 필요한데, 기획이 계획을 세워 나가는 계속적 행동과정이라면, 계획은 이러한 계속적 행동과정을 통해 얻어진 결과로 볼 수 있다(황성철, 2005). 즉, 기획은 과정에 초점을 둔 반면 계획은 결과를 강조하는 것으로 해석된다.

〈표 11-1〉 기획과 계획의 차이점

기획(Planning)	계획(Plan)
• 무엇을 할 것인가? • 무엇을 만들 것인가? • 무엇이 될 것인가? • 왜 해야 하는가?	• 어떻게 할 것인가? • 어떻게 만들 것인가? • 어떠한 방법이 가능한가?

출처: 김진화(2005).

기획 단계에서 수행되어야 하는 구체적인 활동으로는, 첫째, 프로그램 개발이 왜 필요한가이다. 프로그램 개발은 표적체계가 되는 개인, 가족, 집단, 조직, 지역사회, 국가 등에서 발생하는 문제를 해결하거나 욕구를 충족하기 위함에서 시작하므로 이에 대한 근거를 제시할 수 있도록 사회문제 분석이나 욕구조사가 수행되어야 한다. 둘째, 프로그램 개발을 통해 달성할 수 있는 결과물(목적)은 무엇인가이다. 즉, 프로그램을 통해 가져올 수 있는 성과나 기대효과에 대해 제시해야 한다. 셋째, 프로그램을 통해 무엇을 할 것인가이다. 달성하고자 하는 목표나 기대효과를 도출하기 위해 어떠한 활동을 할 것인지 구체화해야 한다.

1) 사업의 필요성

건강가정사업을 기획하는 것은 가족문제를 예방하고 해결하고자 하는 필요성을 확인하고, 이러한 필요성을 충족시키기 위한 프로그램을 계획하는 것이다. 이를 위해 문제를 정확하게 파악하고 분석할 수 있어야 한다.

사업 기획단계에서 여성가족부와 중앙건강가정지원센터의 사업지침, 지역과 지역주민의 특성과 요구, 지역 내 가족과 주민들이 처해 있는 가정적 문제나 어려움, 센터 설립 취지와 철학 등을 반영하여 사업의 필요성과 방향을 확인하는 것이 중요하며, 객관적 통계, 지역사회의 요구도 조사, 현장 실사, 관련 문헌 고찰과 같은 다양한 방법으로 자료를 수집하여 가족에 대한 사회적 요구와 가족을 둘러싼 환경 변화, 그리고 가족의 욕구를 명확하게 확인하고 분석할 수 있어야 한다.

(1) 문제 및 욕구파악

문제 및 욕구파악은 세부 프로그램의 선택과 실행계획을 위한 가장 기초적인 작업으로 프로그램 개발의 필요성과 타당성이 누구에게나 객관적으로 이해될 수 있기 위해 문제규명, 욕구식별, 문제의 규모 및 심각성, 확산 정도, 부정적 결과 등을 제기하는 것이다.

① 욕구의 종류

브래드쇼(Bradshaw, 1977)는 욕구를 규범적 욕구, 인지적 욕구, 표출적 욕구, 상대적 욕구 네 가지 종류로 나눈다.

- 규범적 욕구는 기준 또는 규범에 중점을 두는 것으로서, 전문가의 지식이나 판단에 의해 규정된 욕구를 말한다.
- 인지적 욕구는 프로그램 당사자인 클라이언트 스스로가 자신들에게 무엇이 결핍되었거나 어떠한 서비스가 제공되어야 하는지 생각하고 느끼는 욕구를 말한다.
- 표출된 욕구는 서비스에 대한 요구로, 무엇인가에 대해 필요하다고 느껴진 욕구를 행동으로 표출한 것을 말한다.
- 상대적 욕구는 다른 사람 또는 다른 지역과 비교해서 정해지는 욕구를 말한다.

② 욕구의 측정방법

가. 직접관찰법

대상 집단에게 직접 물어보거나 검색을 해 욕구를 파악하는 방법으로 사회조사(일반·표적 인구조사, 델파이 방법), 관찰법, 심층면접법, 지역사회 공개토론회 등이 있다. 직접관찰법을 통해 파악되는 욕구는 주로 인지적 욕구를 말한다.

나. 사례조사

알려고 하는 대상 집단을 직접 상대하거나 관계를 하고 있는 제삼자들을 접촉하여 증언을 듣는 방법으로, 프로그램 운영자 조사, 주요 정보제공자 조사, 서비스 통계 이용 등이 있다. 사례조사로 파악되는 욕구는 주로 표출된 욕구를 말한다.

다. 간접증거 자료조사

조사대상 집단을 정확히 알지는 못하지만 어느 정도 관련이 있는 정보의 출처들을 이용하여 대상 집단의 욕구나 문제를 추산하는 방법으로써 사회지표분석, 행정자료 조사, 비활동 자료 분석 등이 있다. 간접증거 자료는 주로 규범적 욕구를 말한다.

(2) 대상자 선정

사업 대상자 선정과정은 매우 중요하다. 대상자 선정과정은 명확한 선정기준(우선순위)과 동의 과정을 거쳐야 하며, 일반적으로 [그림 11-2]와 같은 네 가지 인구집단으로 구분하여 순차적으로 좁혀 가는 방식을 가장 많이 사용하고 있다.

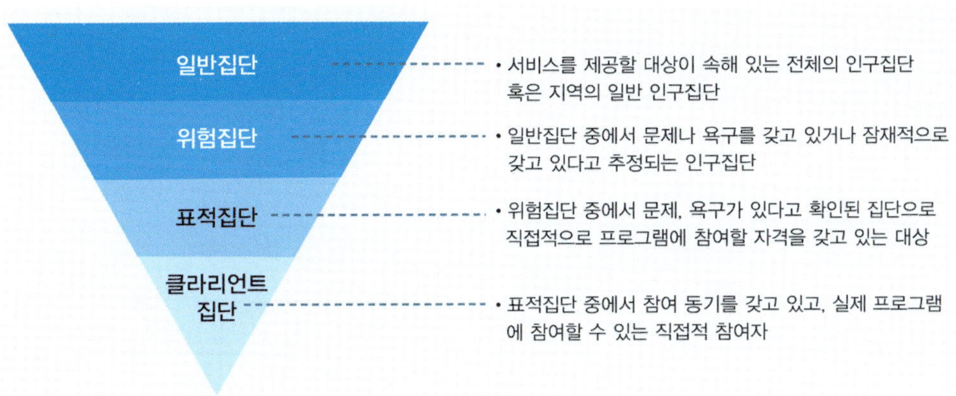

[그림 11-2] 대상자 선정방법

누가 이 사업에 참여하나요?

최근에는 클라이언트를 사업의 대상이 아닌 주체적인 참여자로 인식하며 핵심참여자와 주변참여자로 구분하여 사업 참여 대상을 나타내기도 함(공동모금회 배분사업)

- 핵심참여자: 성과를 측정하는 대상, 변화를 이끌어 내려는 대상
- 주변참여자: 핵심참여자의 변화를 이끌어 내는 데 중요한 역할을 하는 사람

(3) 사업 목적과 목표 설정

목적은 사업수행을 통해 최종적으로 달성하고자 하는 거시적·이념적·철학적·이상적인 개념이며, 목표는 목적의 성취를 위해 달성해야 할 미시적·부분적·구체적·단기적 개념이다.

목적은 프로그램이 추구하는 방향, 달성하고자 하는 가치 등을 표현하는 것으로, 다소 이념적이고, 추상적인 언어로 기술되지만, 목표는 구체적인 대상의 변화와 문제해결을 의미하므로 명료하고, 구체적이고, 측정 가능하고, 한시적이고, 결과 지향적이어야 한다.

〈표 11-2〉 산출목표와 성과목표

산출목표	성과목표
• 성과목표 달성에 필요한 수단적 성격의 목표 • 과정으로서의 목표, 활동의 총량	• 최종적으로 달성하고자 하는 목표 • 사업 참여로 어떤 변화를 이끌어 냈는지

(4) 프로그램 실행계획

실행계획이란 사업의 목적과 목표 달성을 위한 구체적인 실천 매뉴얼을 짜는 것으로, 프로그램 설계를 의미한다. 프로그램 내용은 목적, 목표와의 연계성, 서비스 대상자, 포괄성(다양성), 실용성, 지역성, 효율성 등을 고려해 선정해야 한다. 세부 계획은 프로그램명, 일정, 목표, 사업 참여자, 담당자, 활동내용, 진행방법, 준비사항, 예산, 평가방법 등의 요소가 포함된다.

2. 사업의 진행

사업을 진행한다는 것은 프로그램의 목적과 목표를 달성하기 위해 설계했던 활동들을 실질적으로 수행하는 것을 말한다. 프로그램 실행 시 고려해야 할 사항으로, 첫째, 프로그램 실행에 필요한 세부적인 준비이다. 사전에 준비해야 할 사항과 당일 해야 할 일을 구분하고, 역할 분담을 명확히 하며, 예상치 못한 상황 변화에 탄력적으로 운영할 수 있는 융통성이 필요하다. 둘째, 기획 의도 및 내용을 지속적으로 점검하고 모니터링하며, 셋째, 필요시 사업을 수정 · 보완하는 등 목적 달성을 위해 실행계획이 수정될 수 있다는 점을 고려해야 한다. 넷째, 회계규정에 맞게 예산을 효과적으로 집행하고, 다섯째, 프로그램 진행 과정에서 수집한 정보와 실행자료, 진행 과정을 기록한다.

3. 사업평가

평가는 논리적이고 과학적인 사정 방법을 사용하여 정책이나 프로그램의 효용성을 높이고자 하는 의도적인 노력의 과정이다. 프로그램 평가는 프로그램의 효과를 어떻게 검증할 것인지를 기획하는 것으로, 사업수행을 통해 목표달성, 비용 효율성, 서비스 질, 파급효과 등이 적절했는지 점검하고 검토하는 활동이다.

1) 평가의 필요성

평가는 서비스 대상자의 특성과 문제점, 서비스 종류와 양, 품질, 비용 등을 파악함으로써 더 나은 프로그램을 계획하고, 실행하는 데 중요한 자원이 된다. 또한, 평가를 통해 서비스 질을 향상시키고, 참여자에게 어떤 도움이나 효과를 주었는지 보여 줌으로써 프로그램 운영기관이나 담당자의 사회적 책임성을 증명한다.

2) 평가의 유형과 기준

(1) 평가의 유형

평가의 유형은 평가목적에 따라 형성평가와 총괄평가, 자료수집 방법에 따라 양적평가와 질적평가, 평가주체에 따라 내부평가와 외부평가로 구분할 수 있다.

① 형성평가와 총괄평가

형성평가는 프로그램 운영 도중에 수행되는 평가로서, 프로그램 진행과정에서 도출되는 문제점을 발견하여 프로그램 수정 · 보완을 목적으로 이루어지는 평가를 말한다.

총괄평가는 프로그램 종료 후 결과를 평가함으로써 사업 성과와 영향을 파악하려는 목적으로 이루어진다.

- 성과평가: 참여자들의 문제 해결이나 욕구 충족 등 프로그램을 통한 긍정적인 변화를 객관적이고 과학적인 근거를 토대로 평가
- 과정평가: 프로그램이 계획된 대로 추진되었는지를 점검하고 확인하는 평가로, 참여자 선발, 인적 · 물적 자원의 투입여부, 개입방법의 적절성, 추진일정 적정성, 예산 집행의 효율성 등에 대해 피드백 제공 평가

② 양적평가와 질적평가

양적평가는 척도, 질문지, 계량화된 측정도구를 통해 수립된 수량적 결과를 연역적 방법으로 분석하는 반면, 질적평가는 수량화하지 않은 자연스러운 상황에 대한 관찰이나 면접을 통해 귀납적으로 자료를 획득하고 분석하는 평가방법을 말한다.

〈표 11-3〉 성과 측정 도구(평가방법)

양적 평가 도구		질적 평가 도구	
• 수량집계 • 표준화된 척도	• 기능수준척도 • 참여자 만족도	• 심층면접 • 참여적 관찰	• 영상매체기록 • 심층면접

③ 내부평가와 외부평가

내부평가란 프로그램을 기획하거나 운영하는 사람 등, 조직 내 구성원에 의해 이루어지는 평가를 말하며, 외부평가는 프로그램을 수행하는 조직이 아닌 외부의 제3자가 시행하는 평가를 말한다.

(2) 평가의 기준

평가의 기준으로는 일반적으로 노력, 효과성, 효율성, 영향, 서비스 질, 과정, 공평성 등이 주로 사용된다. 평가의 목적이나 수행 주체에 따라 평가기준이 달라지지만, 통상적으로 노력과 효과성, 효율성 기준이 많이 쓰인다.

〈표 11-4〉 건강가정 관련 사업의 평가기준

영역	항목	기준	지표
계획	사업목표	적절성	• 명확한 사업목적을 가지고 있으며, 사업추진과 관련된 법과 제도의 근거를 가지고 있는가? • 다른 사업과 차별성을 갖고 있는가, 유사 사업으로서 배제 가능한가? • 가장 효율적인 방식으로 사업을 설계하였는가?
	사업계획	적절성	• 해당 사업을 지속적으로 추진하여야 할 이유가 있는가?
집행	사업관리	능률성	• 사업추진과정에서 발생할 수 있는 문제점을 발굴하여 조치하기 위하여 정기적으로 진단한 후 발굴된 문제점을 개선하기 위하여 노력하고 있는가? • 사업을 추진 일정에 의거하여 추진하고 있는가?
	추진체계	능률성	• 집행과정에서 비용효율성을 도모하기 위해 노력하고 있는가?

영역	항목	기준	지표
성과	추진성과 달성	효과성 지속성	• 사업계획에 제시되어 있는 성과목표를 달성하였는가?
	고객 만족도	효용성	• 해당 사업에 대한 이용자 또는 이해관계자의 만족 정도가 높은 수준인가?

3) 평가의 체계 및 방법

프로그램 평가는 평가영역 평가항목 등이 설정되며, 다음으로 각 항목별 기준을 설계하고, 마지막으로 구체적인 지표를 설정한다.

평가영역은 체계론적 관점에 입각하여 계획, 집행, 성과 및 환류로 구분하고, 평가항목은 평가영역에서 제시한 과정에 대한 주요과업을 살펴본다. 계획은 사업목표, 실행계획 등을 중심으로, 집행은 추진체계와 사업관리, 성과는 추진성과 달성도, 고객만족도를, 환류는 환류체계와 실적을 중심으로 살펴본다.

평가기준은 평가항목을 좀 더 세분화한 것으로 통상적으로 말하는 지표를 의미한다. 계획은 사업목적 및 명확한 추진근거, 사업방식 등을 중심으로, 집행은 발생한 문제점에 대한 대처, 사업의 진행, 모니터링 등을, 성과는 사업의 목표달성 여부, 만족도 등, 사업평가의 적절성과 능률성, 효과성, 지속성 등과 같은 내용을 포함한다.

4. 사업 계획서 내용 구성의 예

1) 프로그램명(사업명)

- 프로그램의 성격을 명료하고 함축적으로 규정(부제의 효과적 활용)

  ※ 부제나 약칭을 사용하면 더욱 매력적인 사업으로 표현 가능
- 프로그램의 대상, 목적, 방법 표현

〈좋은 예-대상, 목적 방법을 파악할 수 있는 사업명〉

- 발달장애 아동을 둔 아빠의 [대상] 임파워먼트를 통한 [방법] 가족기능향상 프로그램 [목적] "Rainbow" [부제]
- 다문화가족 이주여성들의 [대상] 적응력 향상을 [목적] 위한 한국문화체험 프로그램 [방법]

〈나쁜 예-제목만으로 대상과 프로그램 내용을 알기 어려운 사업명〉

- 자립을 향한 발걸음 '가고, 보고, 즐기고! 3 Go'
- 한부모 가정의 지역사회 통합프로그램 '이여차'

2) 사업 실시 배경 및 필요성(사업의 필요성)

(1) 사업 계획 배경(사업을 시작하기까지의 스토리)

- 왜 이 사업을 기획했는지, 문제 상황과 변화시키고자 하는 개입지점에 대한 관점 등

예) 한부모여성 가장의 경제적 자립에 대한 문제 해결을 목적으로 하는 경우
- '한부모여성 가장에 대한 취업 역량강화를 실시한다면 취업이 쉬워질 것이다'라는 관점이라면 → 취업 역량강화를 위한 교육과정 구성에 초점
- '한부모여성 가장에 대한 사회의 부정적인 인식과 태도가 해결된다면 취업이 쉬워질 것이다' 라는 관점이라면 → 사회와 기업이 미혼모에 대한 이해와 수용이 높아지도록 하는 사업에 초점

(2) 기존 유사사업과의 차별성(기존 유사사업에 대한 파악)

- 문제 상황에 대한 분석(수행 기관에서 관심을 갖기 전에는 어떤 상태였는지)
- 해당 문제를 해결하기 위해 시도된 유사사업 분석(국·내외 모두 포함)
- 유사사업이 있다면 접근방법 분석

사업수행기관이 프로그램을 실시함으로써 새로운 사각지대를 메울 수 있는 좋은 기회인지, 기존의 접근방식과는 달리 새로운 시각에서 문제해결방안을 모색해 볼 수 있다든지, 최근 강조되고 있는 사각 또는 접근방법을 동원한 것이라든지 등등 이 사업에 대한 결과보고가 나왔을 때, 타 기관에게 귀감이 될 수 있는 부분이 나타나도록 하는 것이 중요

(3) 신청 기관의 강점(객관적인 자료에 기반한 수행기관의 장점)

- 왜 이 사업을 신청기관에서 수행해야 하는지에 대한 설득
- 막연한 아이디어가 아닌 치밀한 조사, 관련 수행경험에서 근거되었음을 제시
- 이론 위주의 기술보다는 현장조사와 여론, 실천 경험에서 발굴한 근거 제시
- 인적자원 등을 포함한 기관의 내·외부자원 등 수행기관의 장점을 설득력 있게 기술

신청하는 사업이 아이디어 차원에서 구상·제시된 것이 아니라 치밀한 조사와 관련 분야 수행경험에 구성되었으며, 신청기관이 이 사업을 수행함에 있어 갖는 또 다른 장점이 있다면 보다 설득력 있게 그 논거를 제시

3) 사업 참여자(사업 대상자)

(1) 사업 참여자 모집전략

① 참여자의 종류

- 핵심참여자: 성과를 측정하는 대상, 변화를 이끌어 내려는 대상
  예) 재학대 고위험 가정의 학대행위자 20명

- 주변참여자: 핵심참여자의 변화를 이끌어 내는 데 중요한 역할을 하는 사람
  예) 재학대 고위험 가정의 가족구성원 40명

(2) 참여자 선정기준

- 단순 저소득층, 장애인 등 획일적인 기준이 아닌 사업의 성격과 참여자의 욕구를 고려하여 우선적인 기회에 대한 기준 마련

- 욕구의 크기 우선인가, 저소득층 우선인가, 제도권에 있는가, 아니면 경계선 급인가
- 변화의 가능성이 어느 정도 엿보여야 하는가, 변화의 가능성을 발굴하는 쪽이어야 하는가

---

(3) 참여자 모집방안

- 지역특성, 사업성격을 고려, 적합한 참여자를 모집할 방법을 구체적으로 기재

- 지역사회 내 잠재적인 사업참여자가 있는지, 어떤 매력을 제시해야 그들이 참여하겠는지
- 사업에 참여할 때 배려해야 할 부분은 무엇인지 등

---

4) 사업의 목적 및 목표 설정

※ 2018년부터 사회복지공동모금회 배분신청 양식 내 목적 삭제
→ 목적과 목표 구분 진술이 모호하고 기관 실무자가 가장 힘들어하는 것 중에 하나이면서 실제 기재내용도 모호한 한계 극복

※ 산출목표와 성과목표를 좌우측으로 연결하는 방식에서 산출목표, 성과목표 구분
→ 제시한 산출목표만 따라 해당 성과목표가 도출되는 것이 아니라 다양한 산출목표들의 달성이 성과목표에 직간접적으로 기여한다고 봐서 이들 간의 직선적 연결은 폐지

(1) 산출목표

- 성과목표 달성에 필요한 수단적 성격의 목표
- 목적, 목표의 반복적인 기술이 아닌 가시적인 또는 잠재적인 변화

- 사업내용의 활동에 기재한 사업 내용을 실제로 수행한 것
- 활동 결과, 수행기관이 마음대로 하기는 어렵지만 실제 성과목표를 달성하는 데 반드시 필요한 목표치

예)

세부사업명	산출목표	모니터링 방법
맹학교 학생에 대한 미술교육	3개 학교 6개 학급 중 30명에게 각 학급당 24회 미술교육 실시	• 교육계획안, 결과보고 작성 • 출석부 확인

(2) 성과목표

- 최종적으로 달성하고자 하는 목표. 사업참여자, 사업내용, 성과지표 등과 연결

- 누구를 어떤 개입을 통해 어디까지 변화를 이끌어 낼 것인지에 대해 함축
- 핵심참여자를 대상으로 하는 변화에 대해 기재
- 성과목표는 일반적으로 측정가능 해야 함
- 양적측정이 어려운 경우 질적인 측정이 가능한 성과 목표 설정 가능

예)

분류	초점	예시	비고
개인 차원	내적기능 향상	• 자아존중감 향상, 우울 감소 등	표준화된 척도 사용
	태도	• 성역할 태도 변화 • 어머니의 양육태도 등	표준화된 척도 사용
	행동	• 아동의 공격행동 변화 • 노인의 운동행동 변화 등	표준화된 척도 사용
사회 차원	지역사회	• 네트워크 강화 • 지역사회 빈곤율 감소 등	네트워크 분석 지역사회 빈곤율 확인

- 단기, 중기, 장기 단계별 성과목표를 고려해 적절히 수립

- 단기성과: 활동(프로그램) 참여를 통한 지식, 기술, 태도, 가치의 변화
  예) 기술의 습득, 학습에 대한 흥미도 향상, 문제 상황의 인식
- 중기성과: 단기성과로 나타나는 행동의 변화
  예) 직업훈련 노력 증가, 상급학교 진학 위한 학습량 증가, 문제 행동의 감소
- 장기성과: 조건이나 상황에 대한 궁극적 변화
  예) 취업 성공, 소득 향상, 단주 성공 등

---

(3) 평가방법

- 사업수행을 통해 성과목표 달성이 되었는지, 그 의미는 무엇인지에 대한 평가

성과목표	평가도구 및 방법	측정시기
부모의 양육 부담 감소	• 성과지표: 양육스트레스 15% 감소 • 평가도구: 양육스트레스 척도지 • 평가방법: 프로그램 참여 부모의 사전사후 설문조사	사전(2월) 사후(12월)
가족기능 강화	• 평가주체: 본 기관 담당자 • 평가방법: 참여자 20가정 대상으로 구조화된 질문지를 통해 인터뷰 실시	사업 종료 후 (12월)

5) 사업 내용 및 사업집행 전략

• 사업추진 과정별로 어떤 단위사업들을 수행할 것인지 계획

• 전체 사업을 세부 사업으로 분류하고 세부 사업별 시행방법, 시기 및 횟수, 진행 일정 등을 포함
• 홍보 계획은 사업 추진과정과 함께 기술
• 표로 구조화하여 작성하거나 글로 자유롭게 표현하는 방식 중 선택
• 사업진행 일정은 간트차트를 활용하여 기재 가능

예)

세부사업명	활동(수행방법)
맞춤형 심리정서 지원	• 전문 심리 검사 및 심리치료 실시 – 기간: 2000.0~00월(10개월) / 12회 – 대상: 대학대 고위험 가정 아동 20명 – 장소: OO아동발달센터 / 강사: 김**(심리치료사) – 방법: 종합심리검사, 심리검사 결과 개인별 치료 실시

• 사업진행일정: 간트차트 활동 기재

기간 / 내용	1월	2월	3월	4월	5월	6월	7월	8월	9월	10월	11월	12월
계획서 수립	▶											
부모교육			▶	▶								
나들이							▶					

• 홍보계획

대상	홍보방법 및 횟수	활용 매체	비고
지역사회 주민	리플렛 등의 홍보물 제작, 12개 동 반상회 참석, 사업소개, 사업설명회 1회 실시 케이블 TV연계 사례 소개	리플렛, 홍보지, 케이블TV	
타복지 기관	홈페이지 게시판, 이메일로 사업소개	인터넷	
지자체	주민생활지원센터 생활지원과 분기별 방문 리플렛 수시 제공	리플렛	

• 기관 연계 협력 전략

• 네트워크 구축 기관이 많은 경우 구축대상에 대해 간단하게 작성하고, 핵심파트너 2~4개 기관만 기재
• 협력과정에서 수행기관이 할 일, 협력기관이 할 일에 대한 순환적인 관계 드러나도록 작성

예)

협력기관명	세부사업명	협력계획	비고
**구 복지행정팀	긴급지원 기금모음	• 본 기관: 기금 모금 및 후원자 관리, 사업홍보 콘텐츠 제공 • 협력기관: 본 기관과 공동모금행사 주관	MOU 체결 예정

6) 예산

• 사업수행에 필요한 비용을 사업 내용별로 세분화하여 작성

• 산출근거는 구체적으로 어떠한 내역으로 예산이 지출되는지 실제 수강, 횟수, 인원수, 단가 등을 구체적으로 기록

• 인건비: 해당사업을 직접적으로 수행하는 인력에 두입되는 비용
• 사업비: 프로그램의 수행에 필요한 직접비용(실인원수에 제공되는 서비스에 필요한 비용)
  예) 강사비, 자원봉사자 관리비, 자문비, 회의비, 행사진행비, 홍보물품 구입 등
• 관리운영비: 프로그램 수행에 필요한 간접비용(사업관리에 필요한 비용)
  예) 사무용품비, 냉난방기, 유류비 등

다함께 생각해 보기

가족기능 강화를 위한 프로그램을 고민해 봅시다.

1. 프로그램의 대상, 목적, 방법이 들어가는 사업명을 작성해 봅시다.
2. 본 프로그램을 구상하게 된 배경을 간략하게 작성해 봅시다.
3. 참여대상 및 선정기준, 모집방법을 작성해 봅시다.
4. 가족기능을 강화하기 위해 어떠한 프로그램을 진행하고자 하는지 작성해 봅시다.
5. 산출목표와 성과목표에 맞춰 평가를 작성해 봅시다.
6. 필요한 예산을 작성해 봅시다.

부 록

서식 1 종합정보 기록지

종합정보 기록지

<table>
<tr><td>등록번호</td><td colspan="5"></td><td colspan="2">담당자</td><td colspan="3"></td></tr>
<tr><td>등록기준</td><td colspan="5">☐ 신규 ☐ 기존</td><td colspan="2">작성일</td><td colspan="3">년 월 일</td></tr>
<tr><td>정보제공자</td><td colspan="10">☐ 본인 ☐ 가족( ) ☐ 기타( )</td></tr>
<tr><td>성 명</td><td colspan="5"></td><td colspan="2">성 별</td><td colspan="3">☐ 남 ☐ 여</td></tr>
<tr><td>생년월일</td><td colspan="5">년 월 일</td><td colspan="2">전화번호</td><td colspan="3"></td></tr>
<tr><td>주 소</td><td colspan="10"></td></tr>
<tr><td rowspan="6">가족사항</td><td>관계</td><td>성명</td><td>연령</td><td>결혼
상태</td><td>동거
여부</td><td>학력</td><td>직업</td><td>건강상태</td><td>장애명</td><td>질병명</td></tr>
<tr><td></td><td></td><td></td><td></td><td></td><td></td><td></td><td>☐건강
☐장애
☐질병</td><td></td><td></td></tr>
<tr><td></td><td></td><td></td><td></td><td></td><td></td><td></td><td>☐건강
☐장애
☐질병</td><td></td><td></td></tr>
<tr><td></td><td></td><td></td><td></td><td></td><td></td><td></td><td>☐건강
☐장애
☐질병</td><td></td><td></td></tr>
<tr><td></td><td></td><td></td><td></td><td></td><td></td><td></td><td>☐건강
☐장애
☐질병</td><td></td><td></td></tr>
<tr><td></td><td></td><td></td><td></td><td></td><td></td><td></td><td>☐건강
☐장애
☐질병</td><td></td><td></td></tr>
<tr><td>가구유형</td><td colspan="10">☐ 모자가구 ☐ 부자가구 ☐ 미혼모부자가구
☐ 조손가구 ☐ 일반가구 ☐ 기타( )</td></tr>
<tr><td>수급유형</td><td colspan="10">☐ 중위소득 100% 이하 ☐ 교육급여(중위 50% 이하) ☐ 주거급여(중위 43% 이하)
☐ 의료급여(중위 40% 이하) ☐ 생계급여(중위 30% 이하) ☐ 기타( )</td></tr>
<tr><td rowspan="2">주거
형태</td><td>환경</td><td colspan="9">☐ 월세(보증금 /월세) ☐ 전세(보증금 :) ☐ 자가
☐ 영구임대 ☐ 무상임대 ☐ 기타( )</td></tr>
<tr><td>난방</td><td colspan="9">☐ 기름 ☐ 도시가스 ☐ LP가스 ☐ 전기 ☐ 기타( )</td></tr>
<tr><td rowspan="2">경제상황</td><td>가계
소득</td><td colspan="3">☐ 월 평균 ( ) 만 원</td><td>부채</td><td colspan="2">☐ 약 ( ) 만 원</td><td>총재산</td><td colspan="2">( ) 만 원</td></tr>
<tr><td>소득원</td><td colspan="9">☐ 연금 ☐ 공공부조 ☐ 저축 ☐ 가족지원
☐ 근로수입(주소득원 :) ☐ 기타 ( )</td></tr>
</table>

<table>
<tr><th colspan="5">가 계 도</th><th>생태도</th></tr>
<tr><td colspan="5"></td><td></td></tr>
<tr><td rowspan="2">가구주의 근로능력 및 여건*</td><td>문해 능력</td><td>□ 유
□ 무</td><td>근로 활동 장애 요인</td><td colspan="2">□ 1. 노령(65세 이상)
□ 2. 신체/정신건강 악화(특정질환이 있는 경우)
□ 3. 대인관계의 어려움 □ 7. 근로 능력, (취업)기술 부족
□ 4. (창업희망 시)자금부족 □ 8. 일자리 정보 부족
□ 5. 부채/채무 □ 9. 기타( )
□ 6. 가족구성원의 보육/장애/간병 등 돌봄부담</td></tr>
<tr><td>직업력</td><td colspan="4">□ 근로활동 경험 전무 □ 무직+경력 단절 기간 3년 이상
□ 무직+경력 단절 기간 3년 이내 □ 근로활동 중
(사회적 일자리/자활근로/희망근로 등)
□ 근로활동 중(일반업체+비정규직) □ 근로활동 중(일반업체+정규직)
□ 기타( )</td></tr>
<tr><td>아동학대 징후발견</td><td colspan="5"></td></tr>
<tr><td>도움요청 내용</td><td colspan="5"></td></tr>
<tr><td>종합 의견</td><td colspan="5"></td></tr>
</table>

서식 2 욕구 및 강점 사정지

욕구 및 강점 사정지

대상자		등록번호		담당자		작성일자	20 년 월 일	□ 신규 □ 재사정 ( ) 차

영역	대상자 인식	담당자 평가				
		현 상황	강점/장애물 사정	욕구평가	심각도	수행방법
1. 안전영역: 학대나 폭력으로부터의 안전 확보						
2. 기초생활영역: 긴급생계지원(긴급한 의료, 주거, 냉난방비, 생활비 지원이 필요한 경우)						
3. 경제영역: 경제수준 개선(장기적인 소득 향상 방안, 부채해결 방안 모색이 필요한 경우)						
4. 신체건강영역: 내담자나 가족구성원의 신체건강문제 해결/치료						
5. 정신건강영역: 내담자나 가족구성원의 심리정서정신 건강문제해결/치료						
6. 가족관계영역: 가족관계 개선(갈등, 관계 소원 등)						
7. 가족돌봄영역: 가족구성원 중 장애/간병 등 돌봄부담의 완화						
8. 자녀교육영역: 내담자의 (손)자녀양육, 교육문제 해결(관계, 교육방법, 교육비용, 자녀의 특정 문제 관련)						

9. 일상생활영역: 일상생활 유지 및 일상생활기능 강화, 여가활용기능 강화 및 기회 확대						
10. 사회적관계영역: 내담자나 가족구성원의 사회적 관계 개선/지지체계 형성						
11. 주거환경영역: 주거환경 개선 및 안전(물리적 환경중심)						
12. 직업, 고용영역, 내담자나 가구주의 직업기능 향상을 위한 교육훈련/고용지원						
13. 기타						

대상자의 삶의 비전 및 목표		강점	장애물
담당자 종합의견			

서식 3 서비스 계획서

서비스 계획서

<table>
<tr><td colspan="6"></td><td colspan="2">수행기간 (　　) 차</td><td colspan="5">년　　월　　일 ~　　년　　월　　일</td></tr>
<tr><td>등록번호</td><td></td><td>대상자</td><td></td><td colspan="2">담당자</td><td colspan="2"></td><td>작성일</td><td colspan="4">년　　월　　일</td></tr>
<tr><td>차원별 성과 목표</td><td colspan="2">단기 성과목표(3개월 이내)</td><td colspan="5">중기 성과목표(3~6개월)</td><td colspan="5">장기 성과목표(6개월~1년)</td></tr>
<tr><td>개인차원</td><td colspan="2"></td><td colspan="5"></td><td colspan="5"></td></tr>
<tr><td>가족차원</td><td colspan="2"></td><td colspan="5"></td><td colspan="5"></td></tr>
<tr><td colspan="2">욕구 영역별 개입목표</td><td rowspan="2">서비스 내용</td><td rowspan="2">서비스 대상</td><td rowspan="2">우선 순위</td><td colspan="3">개입시기</td><td rowspan="2">서비스 기간</td><td rowspan="2">횟수 (회·1주당)</td><td rowspan="2">제공 기관</td><td rowspan="2">담당자</td><td rowspan="2">수행방법</td></tr>
<tr><td>욕구 영역</td><td>개입목표</td><td>1주 이내</td><td>한달 이내</td><td>3개월 이내</td></tr>
<tr><td></td><td></td><td></td><td></td><td></td><td></td><td></td><td></td><td></td><td></td><td></td><td></td><td></td></tr>
<tr><td></td><td></td><td></td><td></td><td></td><td></td><td></td><td></td><td></td><td></td><td></td><td></td><td></td></tr>
<tr><td></td><td></td><td></td><td></td><td></td><td></td><td></td><td></td><td></td><td></td><td></td><td></td><td></td></tr>
<tr><td></td><td></td><td></td><td></td><td></td><td></td><td></td><td></td><td></td><td></td><td></td><td></td><td></td></tr>
<tr><td></td><td></td><td></td><td></td><td></td><td></td><td></td><td></td><td></td><td></td><td></td><td></td><td></td></tr>
<tr><td></td><td></td><td></td><td></td><td></td><td></td><td></td><td></td><td></td><td></td><td></td><td></td><td></td></tr>
</table>

서식 4 사례관리과정 기록지

사례관리과정 기록지

등록번호					대상자		
날짜	주요 욕구	사례관리 과정	접촉 대상	개입 내용	접촉 방법	추후 계획	주요개입 내용

서식 5 사례회의록

사례회의록

<table>
<tr><td>회의목적</td><td colspan="3"></td></tr>
<tr><td>회의일시</td><td></td><td>회의장소</td><td></td></tr>
<tr><td>참 석 자</td><td></td><td>사례담당자</td><td></td></tr>
<tr><td>대 상 자</td><td></td><td>등록번호</td><td></td></tr>
<tr><td>회의내용</td><td colspan="3"></td></tr>
<tr><td>회의결과</td><td colspan="3"></td></tr>
</table>

서식 6 종결 기록지

종결 기록지

<table>
<tr><td>대상자</td><td colspan="2"></td><td>등록번호</td><td colspan="2"></td></tr>
<tr><td>담당자</td><td colspan="2"></td><td>작성일</td><td colspan="2">년 월 일</td></tr>
<tr><td>종결유형</td><td colspan="5">☐ 목표달성 후 종결
☐ 중도탈락
(☐ 이사 ☐ 서비스 거부 ☐ 서비스 자격변동 ☐ 연락두절 ☐ 기타( ))</td></tr>
<tr><td>종결처리</td><td colspan="5">☐ 사후관리 실시
☐ 타기관 의뢰(의뢰기관/담당자 :)
☐ 접촉불가 ☐ 기타 ( )</td></tr>
<tr><td rowspan="7">사례요약</td><td>제공된 서비스</td><td>지원기관</td><td colspan="2">서비스 제공횟수</td><td>서비스 기간</td></tr>
<tr><td></td><td></td><td colspan="2"></td><td></td></tr>
<tr><td></td><td></td><td colspan="2"></td><td></td></tr>
<tr><td></td><td></td><td colspan="2"></td><td></td></tr>
<tr><td></td><td></td><td colspan="2"></td><td></td></tr>
<tr><td></td><td></td><td colspan="2"></td><td></td></tr>
<tr><td></td><td></td><td colspan="2"></td><td></td></tr>
<tr><td rowspan="3">성과목표
달성내용</td><td colspan="2">성과목표</td><td colspan="3">달성내용</td></tr>
<tr><td colspan="2"></td><td colspan="3"></td></tr>
<tr><td colspan="2"></td><td colspan="3"></td></tr>
<tr><td>담당자
의견</td><td colspan="5"></td></tr>
<tr><td>사후관리
계획</td><td colspan="5"></td></tr>
</table>

※ 자기효능감, 가족기능 척도 첨부(사전, 사후)

척도 1 자기효능감 척도(한국어)

자기효능감 척도(□사전, □사후)

성 명		등록번호	

자기효능감		전혀 그렇지 않다	그렇지 않은 편이다	그저 그렇다	그런 편이다	매우 그렇다
1	나는 대체로 나 자신의 능력에 만족한다.	①	②	③	④	⑤
2	나는 다른 사람들만큼 능력을 가지고 있다.	①	②	③	④	⑤
3	나는 장점을 가지고 있다.	①	②	③	④	⑤
4	나는 재주가 많다고 생각한다.	①	②	③	④	⑤
5	나는 다른 사람들보다 의지가 강하다.	①	②	③	④	⑤
6	나는 처음에 못할지라도 잘할 때까지 열심히 한다.	①	②	③	④	⑤

* 총점으로 계산

** 점수가 높을수록 자신의 능력 혹은 성취감에 대한 자신감이 높은 것을 의미함

척도 2 가족기능 척도(한국어)

가족기능 척도(□사전, □사후)

성 명		등록번호	

	가족기능	전혀 그렇지 않다	그렇지 않은 편이다	그저 그렇다	그런 편이다	매우 그렇다
1	우리 가족은 서로 돕고 의지하는 편이다.	①	②	③	④	⑤
2	우리 가족은 중요한 결정사항에 있어서 가족 모두의 의견을 존중하는 편이다.	①	②	③	④	⑤
3	우리 가족은 상당히 친한 편이다.	①	②	③	④	⑤
4	우리 가족에서는 자녀들도 가족규칙에 대해 의견을 제시할 수 있다.	①	②	③	④	⑤
5	우리 가족은 서로를 사랑하며 부드럽게 대하는 편이다.	①	②	③	④	⑤
6	우리 가족은 서로서로 진심을 표현하는 편이다.	①	②	③	④	⑤
7	우리 가족은 서로 같이 화합하여 문제를 해결하는 편이다.	①	②	③	④	⑤
8	우리 가족은 어려움이 생겼을 때 가족보다는 제3자와 문제를 해결하는 편이다(역점수).	⑤	④	③	②	①
9	우리 가족은 각자의 제안을 들어주고 개개인의 의견을 존중하는 편이다.	①	②	③	④	⑤
10	우리 가족은 취미생활을 같이 하는 편이다.	①	②	③	④	⑤

	가족기능	전혀 그렇지 않다	그렇지 않은 편이다	그저 그렇다	그런 편이다	매우 그렇다
11	우리 가족은 의견 차이가 있어도 서로 간의 사랑이 줄지는 않는다.	①	②	③	④	⑤
12	우리 가족은 가족 규칙을 바꾸는 것이 상당히 힘든 편이다(역점수).	⑤	④	③	②	①
13	우리 가족은 개개인이 무엇을 하던지 유연하고 개방적인 입장을 가지는 편이다.	①	②	③	④	⑤
14	우리 가족은 의도는 좋겠지만 서로 간의 간섭이 심한 편이다(역점수).	⑤	④	③	②	①
15	우리 가족은 각자가 개별적으로 문제에 대해 결론을 내릴 수 있게 해 주는 편이다.	①	②	③	④	⑤
16	우리 가족은 한번 결정한 사안을 바꾸는 것이 상당히 힘든 편이다(역점수).	⑤	④	③	②	①
17	우리 가족은 각자의 있는 그대로를 인정해 주는 편이다.	①	②	③	④	⑤
18	우리 가족은 서로 오해하는 경우가 많은 편이다(역점수).	⑤	④	③	②	①
19	우리 가족은 서로 간에 좋지 않은 감정들을 많이 가지고 있는 편이다(역점수).	⑤	④	③	②	①
20	우리 가족은 대화할 때 상대방의 말을 끊고 음성을 높이는 경우가 많은 편이다(역점수).	⑤	④	③	②	①
21	우리 가족은 일에 있어서 계획과 결정을 잘하지 못하는 편이다(역점수).	⑤	④	③	②	①

* 총점으로 계산

** 점수가 높을수록 가족이 기능적인 것을 의미함

척도 3 (위기) 위기성 진단 척도(한국어)

- 가족 위기성 진단: 가족 유형에 따라 척도를 선택함
  - 부부와 자녀로 이루어진 가족 (부모만 진단) → 척도(1)
  - 한부모와 자녀로 이루어진 가족(부모만 진단) → 척도(2)
  - 부부가족(자녀가 없음) → 척도 (3)
- 개인 위기성 진단: 개인 위기성 진단 척도(부모, 자녀 진단)
- 가족 위기성과 개인 위기성 수준을 고려하여 지원 여부를 결정

가족위기성 진단척도(1) (□사전, □사후)

성 명		등록번호	

□ 가족위기성 진단척도(1) (부부+자녀로 이루어진 가족)

다음은 앞의 생활사건을 경험한 이후 귀하 가족의 상황이 어떻게 변했는지에 대하여 묻는 질문입니다. 귀하의 생각과 가장 가까운 곳에 표시하여 주십시오.

		전혀 그렇지 않다	그렇지 않은 편이다	그저 그렇다	그런 편이다	매우 그렇다
1	부부간 대화가 없어졌다.	①	②	③	④	⑤
2	별거를 생각하고 있다.	①	②	③	④	⑤
3	이혼을 하는 것이 낫겠다는 생각이 든다.	①	②	③	④	⑤
4	자녀와의 갈등이 기졌다.	①	②	③	④	⑤

		전혀 그렇지 않다	그렇지 않은 편이다	그저 그렇다	그런 편이다	매우 그렇다
5	자녀와의 대화가 없어졌다.	①	②	③	④	⑤
6	자녀의 생활을 파악하기가 어렵다.	①	②	③	④	⑤
7	자녀가 학교(일터)에 가기 싫어한다.	①	②	③	④	⑤
8	가족끼리 서로에게 화를 낸다.	①	②	③	④	⑤
9	가족 간에 폭력을 써서 싸운 적이 있다.	①	②	③	④	⑤
10	온 가족이 함께 있을 때가 혼자 있을 때보다 더 힘들다.	①	②	③	④	⑤
11	친척들과의 갈등이 많아졌다.	①	②	③	④	⑤
12	생활비, 의료비 지출 부담이 커졌다.	①	②	③	④	⑤
13	제때 하지 못하는 집안일이 많아졌다.	①	②	③	④	⑤
14	빚이 늘어났다.	①	②	③	④	⑤
15	생업(직장일)에 집중하기가 어렵다.	①	②	③	④	⑤
16	어려움을 극복할 수 없을 것 같다.	①	②	③	④	⑤
17	우리 가족이 스스로 통제할 수 있는 것이 없다.	①	②	③	④	⑤
18	우리 가족만 고립되어 있다는 생각이 든다.	①	②	③	④	⑤
19	전에는 잘 지내던 사람들과의 관계가 멀어졌다.	①	②	③	④	⑤
20	우리 가족이 막다른 골목에 와 있는 것 같다.	①	②	③	④	⑤

※ 척도 적용: 총점이 75점 이상이면 우선 지원 대상의 위기 가족임

가족위기성 진단척도(2) (□사전, □사후)

성 명		등록번호	

□ 가족위기성 진단척도(2) (한부모+자녀로 이루어진 가족)

다음은 앞의 생활사건을 경험한 이후 귀하 가족의 상황이 어떻게 변했는지에 대하여 묻는 질문입니다. 귀하의 생각과 가장 가까운 곳에 표시하여 주십시오.

		전혀 그렇지 않다	그렇지 않은 편이다	그저 그렇다	그런 편이다	매우 그렇다
1	자녀와의 갈등이 커졌다.	①	②	③	④	⑤
2	자녀와의 대화가 없어졌다.	①	②	③	④	⑤
3	자녀의 생활을 파악하기가 어렵다.	①	②	③	④	⑤
4	자녀가 학교(일터)에 가기 싫어한다.	①	②	③	④	⑤
5	가족끼리 서로에게 화를 낸다.	①	②	③	④	⑤
6	가족 간에 폭력을 써서 싸운 적이 있다.	①	②	③	④	⑤
7	온 가족이 함께 있을 때가 혼자 있을 때보다 더 힘들다.	①	②	③	④	⑤
8	친척들과의 갈등이 많아졌다.	①	②	③	④	⑤
9	생활비, 의료비 지출 부담이 커졌다.	①	②	③	④	⑤
10	제때 하지 못하는 집안일이 많아졌다.	①	②	③	④	⑤
11	빚이 늘어났다.	①	②	③	④	⑤
12	생업(직장일)에 집중하기가 어렵다.	①	②	③	④	⑤
13	어려움을 극복할 수 없을 것 같다.	①	②	③	④	⑤
14	우리 가족이 스스로 통제할 수 있는 것이 없다.	①	②	③	④	⑤
15	우리 가족만 고립되어 있다는 생각이 든다.	①	②	③	④	⑤
16	전에는 잘 지내던 사람들과의 관계가 멀어졌다.	①	②	③	④	⑤
17	우리 가족이 막다른 골목에 와 있는 것 같다.	①	②	③	④	⑤

※ 척도 적용: 총점이 64점 이상이면 우선 지원 대상의 위기 가족임

가족위기성 진단척도(3) (□사전, □사후)

성 명		등록번호	

□ 가족위기성 진단척도(3) (부부가족)

다음은 앞의 생활사건을 경험한 이후 귀하 가족의 상황이 어떻게 변했는지에 대하여 묻는 질문입니다. 귀하의 생각과 가장 가까운 곳에 표시하여 주십시오.

		전혀 그렇지 않다	그렇지 않은 편이다	그저 그렇다	그런 편이다	매우 그렇다
1	부부간 대화가 없어졌다.	①	②	③	④	⑤
2	별거를 생각하고 있다.	①	②	③	④	⑤
3	이혼을 하는 것이 낫겠다는 생각이 든다.	①	②	③	④	⑤
4	가족끼리 서로에게 화를 낸다.	①	②	③	④	⑤
5	가족 간에 폭력을 써서 싸운 적이 있다.	①	②	③	④	⑤
6	온 가족이 함께 있을 때가 혼자 있을 때보다 더 힘들다.	①	②	③	④	⑤
7	친척들과의 갈등이 많아졌다.	①	②	③	④	⑤
8	생활비, 의료비 지출 부담이 커졌다.	①	②	③	④	⑤
9	제때 하지 못하는 집안일이 많아졌다.	①	②	③	④	⑤
10	빚이 늘어났다.	①	②	③	④	⑤
11	생업(직장일)에 집중하기가 어렵다.	①	②	③	④	⑤
12	어려움을 극복할 수 없을 것 같다.	①	②	③	④	⑤
13	우리 가족이 스스로 통제할 수 있는 것이 없다.	①	②	③	④	⑤
14	우리 가족만 고립되어 있다는 생각이 든다.	①	②	③	④	⑤
15	전에는 잘 지내던 사람들과의 관계가 멀어졌다.	①	②	③	④	⑤
16	우리 가족이 막다른 골목에 와 있는 것 같다.	①	②	③	④	⑤

※ 척도 적용: 총점이 60점 이상이면 우선 지원 대상의 위기 가족임

개인 위기성 진단척도(□사전, □사후)

성 명		등록번호	

다음은 지난 한 달(1개월) 동안 귀하가 생활하면서 겪고 느꼈던 상황에 대한 질문입니다. 귀하가 생각하시는 것과 가장 가까운 곳에 표시해 주십시오.

		전혀 없었다	거의 없었다	가끔 있었다	자주 있었다	상당히 자주 있었다
1	예상하지 못한 일이 발생하여 혼란스러웠다.	①	②	③	④	⑤
2	생활하면서 중요한 일들을 통제하지 못한다고 느꼈다.	①	②	③	④	⑤
3	신경질이 나고 스트레스를 받았다.	①	②	③	④	⑤
4*	개인적인 일들을 잘 처리했다.	⑤	④	③	②	①
5*	모든 일들이 잘 진행되어 간다고 느꼈다.	⑤	④	③	②	①
6	처리해야 할 일들을 제대로 처리하지 못했다.	①	②	③	④	⑤
7	감정을 조절할 수 없었다.	①	②	③	④	⑤
8*	모든 일들이 잘 풀려 간다고 느꼈다.	⑤	④	③	②	①
9	어찌할 수 없었던 일들에 대해 화가 났다.	①	②	③	④	⑤
10	스스로 극복하기에 너무 어려운 일들로 어려움을 겪었다.	①	②	③	④	⑤
11	죽고 싶다는 생각을 한 적이 있다.	①	②	③	④	⑤
12	어떤 방법으로 죽을까에 대한 생각을 한 적이 있다.	①	②	③	④	⑤
13	밤에 잠을 이루기 어렵다.	①	②	③	④	⑤
14*	규칙적인 생활을 하고 있다.	⑤	④	③	②	①
15	나 자신이 싫다.	①	②	③	④	⑤

* 역코딩 문항

※ 척도 적용: 위 개인 위기 척도 중 60점 이상이면 가족 위기성 진단 척도 점수가 기준 미만이더라도 우선 지원 대상 위기 가족으로 고려해야 함

척도 4 (위기) 외상후스트레스 진단 척도 PDS(Posttraumatic Stress Diagnosis Scale)

외상후스트레스 진단 척도(□사전, □사후)

성 명		등록번호	

아래는 충격적인 사건을 경험한 이후에 사람들에게서 나타날 수 있는 어려움들입니다. 지난 한 달 동안에 나타난 것에 ✔ 표시하십시오.

	내 용	전혀 없음	1주일 1번	1주일 2~4번	1주일 5번 이상
1	그 일에 대해 생각하고 싶지 않을 때 불쑥 생각나거나 머릿속에 그려진다.	0	1	2	3
2	그 일과 관련된 악몽을 꾼다.	0	1	2	3
3	그 일이 마치 재현되듯 생생하게 느껴지고 그때 당시처럼 행동하게 된다.	0	1	2	3
4	그 일을 떠올리면 괴로운 감정이 든다(예: 두렵다, 분노가 치밀어 오른다, 슬프다, 죄책감이 느껴진다 등).	0	1	2	3
5	그 일을 떠올리면 신체적 반응이 느껴진다(예: 진땀이 난다, 심장이 뛴다 등).	0	1	2	3
6	그 일에 대해서는 생각하거나, 말하지 않으려고 하고, 당시의 느낌조차 떠올리지 않으려고 애를 쓴다.	0	1	2	3
7	그 일을 생각나게 하는 활동이나 사람들, 장소들을 가급적 피하려 한다.	0	1	2	3
8	그 일과 관련된 중요한 기억의 한 부분이 도무지 생각나지 않는다.	0	1	2	3

	내 용	전혀 없음	1주일 1번	1주일 2~4번	1주일 5번 이상
9	지금 내 생활에서 중요한 것들에 대해 흥미가 떨어지거나 의욕이 낮아졌다.	0	1	2	3
10	주위 사람들과 멀어지거나 단절된 느낌이다.	0	1	2	3
11	정서가 메마른 것처럼 무감각하다(예: 눈물이 나지 않는다, 애정 어린 기분을 느낄 수 없다 등).	0	1	2	3
12	내 미래의 계획이 뜻대로 이루어질 것 같지 않고 희망이 없이 느껴진다(예: 제대로 된 직장이나 가족을 가지지 못할 것이다, 오래 살지 못할 것이다 등).	0	1	2	3
13	잠이 잘 오지 않고 자더라도 자주 깬다.	0	1	2	3
14	짜증이 잘 나고 신경질을 종종 부린다.	0	1	2	3
15	집중하기 어렵다(예: 대화 중에 다른 생각을 한다, TV 드라마를 보다가 줄거리를 놓친다, 방금 읽은 내용을 기억하지 못한다 등).	0	1	2	3
16	지나친 긴장 상태에 있다(예: 주위에 누가 있는지 자꾸 확인한다, 문 쪽으로 등을 돌리고 있으면 불안하나 등).	0	1	2	3
17	작은 일에도 쉽게 놀란다(예: 누가 뒤에서 걸어오는 것을 느낄 때 등).	0	1	2	3

17문항에 대한 총점으로 계산하며, 총점의 범위는 0점에서 51점

* 10점 이하: 외상후 증상 약함
  11점~20점: 외상후 증상 보통
  21점 이상: 외상후 증상 심각

척도 5 (위기) 우울 척도: BDI(Beck Depression Inventory)

우울 척도(□사전, □사후)

성 명		등록번호	

다음의 각 문항은 모두 4개의 문장으로 구성되어 있습니다. 지난 1주일 동안 당신의 기분과 상태를 떠올려 보시고 가장 비슷한 상태 하나를 골라 응답해 주십시오.

1. ( ) (0) 나는 슬프지 않다.
(1) 나는 슬프다.
(2) 나는 항상 슬프고 기운을 낼 수 없다.
(3) 나는 너무나 슬프고 불행해서 도저히 견딜 수 없다.

2. ( ) (0) 나는 앞날에 대해서 별로 낙심하지 않는다.
(1) 나는 앞날에 대해서 용기가 나지 않는다.
(2) 나는 앞날에 대개 기대할 것이 아무것도 없다고 느낀다.
(3) 나의 앞날은 아주 절망적이고 나아질 가망이 없다고 느낀다.

3. ( ) (0) 나는 실패자라고 느끼지 않는다.
(1) 나는 보통 사람들보다 더 많이 실패한 것 같다.
(2) 내가 살아온 과거를 뒤돌아보면, 실패투성이인 것 같다.
(3) 나는 인간으로서 완전한 실패자라고 느낀다.

4. ( ) (0) 나는 전과 같이 일상생활에 만족하고 있다.
(1) 나의 일상생활은 예전처럼 즐겁지 않다.
(2) 나는 요즘에는 어떤 것에서도 별로 만족을 얻지 못한다.
(3) 나는 모든 것이 다 불만스럽고 싫증난다.

5. (　) (0) 나는 특별히 죄책감을 느끼지 않는다.
(1) 나는 죄책감을 느낄 때가 많다.
(2) 나는 죄책감을 느낄 때가 아주 많다.
(3) 나는 항상 죄책감에 시달리고 있다.

6. (　) (0) 나는 벌을 받고 있다고 느끼지 않는다.
(1) 나는 어쩌면 벌을 받을지도 모른다는 느낌이 든다.
(2) 나는 벌을 받을 것 같다.
(3) 나는 지금 벌을 받고 있다고 느낀다.

7. (　) (0) 나는 나 자신에게 실망하지 않는다.
(1) 나는 나 자신에게 실망하고 있다.
(2) 나는 나 자신에게 화가 난다.
(3) 나는 나 자신을 증오한다.

8. (　) (0) 내가 다른 사람보다 못한 것 같지는 않다.
(1) 나는 나의 약점이나 실수에 대해서 나 자신을 탓하는 편이다.
(2) 내가 한 일이 잘못되었을 때는 언제나 나를 탓한다.
(3) 일어나는 모든 나쁜 일들은 다 내 탓이다.

9. (　) (0) 나는 자살 같은 것은 생각하지 않는다.
(1) 나는 자살할 생각은 가끔 하지만, 실제로 하지는 않을 것이다.
(2) 자살하고 싶은 생각이 자주 든다.
(3) 나는 기회만 있으면 자살하겠다.

10. (　) (0) 나는 평소보다 더 울지는 않는다.
(1) 나는 전보다 더 많이 운다.
(2) 나는 요즈음 항상 운다.
(3) 나는 전에는 울고 싶을 때 울 수 있었지만, 요즈음은 울래야 울 기력조차 없다.

11. (　) (1) 나는 요즈음 평소보다 더 짜증을 내는 편은 아니다.
(2) 나는 전보다 더 쉽게 짜증이 나고 귀찮아진다.
(3) 나는 요즈음 항상 짜증스럽다.
(4) 전에는 짜증스럽던 일에 요즈음은 너무 지쳐서 짜증조차 나지 않는다.

12. (　) (0) 나는 다른 사람들에 대한 관심을 잃지 않고 있다.
(1) 나는 전보다 다른 사람들에 대한 관심이 줄었다.
(2) 나는 다른 사람들에 대한 관심이 거의 없어졌다.
(3) 나는 다른 사람들에 대한 관심이 완전히 없어졌다.

13. (　) (0) 나는 평소처럼 결정을 잘 내린다.
(1) 나는 결정을 미루는 때가 전보다 더 많다.
(2) 나는 전에 비해 결정 내리는 데에 더 큰 어려움을 느낀다.
(3) 나는 더 이상 아무 결정도 내릴 수가 없다.

14. (　) (1) 나는 전보다 내 모습이 나빠졌다고 느끼지 않는다.
(2) 나는 나이 들어 보이거나 매력 없이 보일까 봐 걱정한다.
(3) 나는 내 모습이 매력 없게 변해 버렸다고 느낀다.
(4) 나는 내가 추하게 보인다고 믿는다.

15. (　) (0) 나는 전처럼 일을 할 수 있다.
(1) 어떤 일을 시작하는 데에 전보다 더 많은 노력이 든다.
(2) 무슨 일이든 하려면 나 자신을 매우 심하게 채찍질해야만 한다.
(3) 나는 전혀 아무 일도 할 수가 없다.

16. (　) (0) 나는 평소처럼 잠을 잘 수 있다.
(1) 나는 전처럼 잠을 자지는 못한다.
(2) 나는 전보다 한두 시간 일찍 깨고 다시 잠들기 어렵다.
(3) 나는 평소보다 몇 시간이나 일찍 깨고, 한 번 깨면 다시 잠들 수 없다.

17. ( ) (0) 나는 평소보다 더 피곤하지는 않다.
(1) 나는 전보다 더 쉽게 피곤해진다.
(2) 나는 무엇을 해도 언제나 피곤해진다.
(3) 나는 너무나 피곤해서 아무 일도 할 수가 없다.

18. ( ) (1) 내 식욕은 평소와 다름없다.
(2) 나는 요즈음 전보다 식욕이 좋지 않다.
(3) 나는 요즈음 전보다 식욕이 많이 떨어졌다.
(4) 요즈음에는 전혀 식욕이 없다.

19. ( ) (0) 요즈음 체중이 별로 줄지 않았다.
(1) 전보다 몸무게가 2킬로그램 가량 줄었다.
(2) 전보다 몸무게가 5킬로그램 가량 줄었다.
(3) 전보다 몸무게가 7킬로그램 가량 줄었다.

20. ( ) (0) 나는 건강에 대해 전보다 더 염려하고 있지는 않다.
(1) 나는 여러 가지 통증, 소화불량, 변비 등과 같은 신체적인 문제로 걱정하고 있다.
(2) 나는 건강이 염려되어 다른 일은 생각하기 힘들다.
(3) 나는 건강이 너무 염려되어 다른 일은 아무것도 생각할 수 없다.

21. ( ) (0) 나는 요즈음 성(sex)에 대한 관심에 별다른 변화가 없다.
(1) 나는 전보다 성(sex)에 대한 관심이 줄었다.
(2) 나는 전보다 성(sex)에 대한 관심이 상당히 줄었다.
(3) 나는 성(sex)에 대한 관심을 완전히 잃었다.

벡에 의해 개발된 우울 척도로 가장 많이 활용되고 있는 척도 총점으로 계산하며, 총점의 범위는 0점에서 63점

- 0점~ 9점: 우울하지 않은 상태
- 10점~15점: 가벼운 우울 상태
- 16점~23점: 중한 우울 상태
- 24점~63점: 심한 우울 상태

척도 6 (위기) 사건충격 척도: IES-R(Impact of Event Scale-Revised)

사건충격 척도(□사전, □사후)

성 명		등록번호	

아래의 문항들은 스트레스를 주는 사건을 경험한 후 사람들이 겪은 어려움에 관한 것입니다. 그 사건과 관련하여 지난 7일 동안 얼마나 많이 경험했는지 각각 문항에 표시하십시오.

	내 용	전혀 없다 0	약간 있다 1	상당히 있다 2	많이 있다 3	매우 많이 있다 4
1	그 사건을 상기시켜 주는 것들이 그 사건에 대한 감정(느낌)들을 다시 되살아나게 한다.					
2	나는 수면을 지속하는 데 어려움이 있었다.					
3	나는 다른 일들로 인해 그 사건을 생각하게 된다.					
4	나는 그 사건 이후로 예민하고 화가 난다고 느꼈다.					
5	그 사건에 대해 생각하거나 떠오를 때마다 혼란스러워지기 때문에 회피하려고 했다.					
6	내가 생각하지 않으려고 해도 그 사건이 생각난다.					
7	그 사건이 일어나지 않았거나, 현실이 아닌 것처럼 느꼈다.					
8	그 사건을 상기시키는 것들을 멀리하며 지냈다.					
9	그 사건의 영상이 나의 마음속에 갑자기 떠오르곤 했다.					

	내 용	전혀 없다 0	약간 있다 1	상당히 있다 2	많이 있다 3	매우 많이 있다 4
10	나는 신경이 예민해졌고 쉽게 깜짝 놀랐다.					
11	그 사건에 관해 생각하지 않기 위해 노력했다.					
12	나는 그 사건에 관하여 여전히 많은 감정을 가지고 있다는 것을 알지만 신경 쓰고 싶지 않았다.					
13	그 사건에 대한 나의 감정은 무감각한 느낌이었다.					
14	나는 마치 사건 당시로 돌아간 것처럼 느끼거나 행동할 때가 있었다.					
15	나는 그 사건 이후로 잠들기가 어려웠다.					
16	나는 그 사건에 대한 강한 감정이 물밀 듯 밀려오는 것을 느꼈다.					
17	내 기억에서 그 사건을 지워 버리려고 노력했다.					
18	나는 집중하는 데 어려움이 있었다.					
19	그 사건을 떠올리게 하는 어떤 것에도 식은땀, 호흡곤란, 오심, 심장 두근거림 같은 신체적인 반응을 일으켰다.					
20	나는 그 사건에 관한 꿈들을 꾼 적이 있었다.					
21	내가 주위를 경계하고 감시하고 있다고 느꼈다.					
22	나는 그 사건에 대해 이야기하지 않으려고 노력했다.					

외상 사건의 노출에 따른 주관적인 스트레스를 평가하기 위해 개발된 척도 총점으로 계산하며, 총점의 범위는 0점에서 88점

* 22점 이상일 경우, 외상 치료 전문가에게 연계

척도 7 (조손) 효과성 척도

효과성 척도(□사전, □사후)

성 명		등록번호	

안녕하십니까?
본 검사지는 여러분의 태도, 생각, 행동 등을 알아보려고 하는 것으로 어떠한 시험이 아닙니다. 그렇기에 아래의 질문에는 틀리고 맞는 정답도 없습니다. 따라서 여러분이 생각하는 대로 솔직하게 답해 주시면 되십니다.
1. 이 질문지에 작성한 내용은 절대 비밀이 보장됩니다.
2. 이 질문지는 연구 목적 이외에는 사용되지 않습니다.
3. 이 질문지를 잘 읽고 자신의 경우나 생각에 맞는 항목에 ✔ 하세요.

1. 여러분의 현재 상황을 알아보기 위한 질문입니다. 자신을 어떻게 생각하고 있는지에 대한 표시해 주세요.

연번	문 항	매우 그렇지 않다	대체로 그렇지 않다	보통이다	대체로 그렇다	매우 그렇다
1	나는 내가 다른 사람들처럼 가치 있는 사람이라고 생각한다.	①	②	③	④	⑤
2	나는 좋은 성품을 가졌다고 생각한다.	①	②	③	④	⑤
3	나는 대체로 실패한 사람이라는 느낌이 든다.*	⑤	④	③	②	①
4	나는 대부분의 다른 사람들처럼 일을 잘할 수 있다.	①	②	③	④	⑤
5	나는 자랑할 것이 별로 없다.*	⑤	④	③	②	①
6	나는 내 자신에 대하여 긍정적인 태도를 가지고 있다.	①	②	③	④	⑤
7	나는 내 자신에 대하여 대체로 만족한다.	①	②	③	④	⑤
8	나는 내 자신을 좀 더 존경할 수 있었으면 좋겠다.	①	②	③	④	⑤
9	나는 가끔 내 자신이 쓸모없는 사람이라는 느낌이 든다.*	⑤	④	③	②	①
10	나는 때때로 내가 좋지 않은 사람이라고 생각한다.*	⑤	④	③	②	①

※ 로젠버그(Rosenberg)의 자아존중감 척도/이소희 외(2005).
* 역채점 문항 – 3번, 5번, 9점, 10번

2. 20년 후에 여러분은 행복하게 살고 있을 것이라고 생각합니까?
① 매우 행복할 것이다 ② 약간 행복할 것이다 ③ 그저 그럴 것이다
④ 별로 행복하지 못할 것이다 ⑤ 전혀 행복하지 못할 것이다

3. 다음과 같은 경험을 얼마나 자주 직접 해 보았는지 표시해 주세요.

연번	문 항	전혀 없음	1~2번	3~4번	5번 이상
1	담배를 피운 적이 있다.	④	③	②	①
2	술을 마신 적이 있다.	④	③	②	①
3	남의 돈이나 물건을 슬쩍 훔친 적이 있다.	④	③	②	①
4	다른 사람을 심하게 때린 적이 있다.	④	③	②	①
5	남의 돈이나 물건을 뺏은 적이 있다.	④	③	②	①
6	학교를 이유 없이 맘대로 결석한 적이 있다.	④	③	②	①
7	가출을 한 적이 있다.	④	③	②	①
8	거짓말을 하거나 남들을 속인다.	④	③	②	①
9	욕을 하거나 상스러운 말을 쓴다.	④	③	②	①
10	인터넷 성인사이트를 본 적이 있다.	④	③	②	①

4. 여러분의 가족에 대한 질문입니다.

연번	문 항	매우 그렇지 않다	대체로 그렇지 않다	보통이다	대체로 그렇다	매우 그렇다
1	우리 가족은 어려울 때 서로 도와준다.	①	②	③	④	⑤
2	우리 가족은 문제 해결을 위해 우리들의 의견을 들어 주기도 한다.	①	②	③	④	⑤
3	우리 가족은 자유시간을 함께 모여 즐기기를 좋아 한다.	①	②	③	④	⑤
4	우리 가족은 서로 매우 친하다.	①	②	③	④	⑤
5	우리 집에서는 가족의 협동 및 화목을 중요하게 생각 한다.	①	②	③	④	⑤
6	우리 가족은 각자 가족의 친구를 좋아한다.	①	②	③	④	⑤

참고문헌

강민정(2014). 부모양육태도와 부모양육스트레스가 영아 정서지능 발달에 미치는 영향. 배재대학교 대학원 석사학위논문.

강란혜, 공계순, 도미향, 박인전, 벅정윤, 송순, 이경희, 이소희, 조성연, 최영희(2004). **아동학대 전문상담**. 서울: 시그마프레스.

강석임, 전희정(2013). 기혼여성의 우울변화에 영향을 미치는 요인. **보건과 사회과학, 33**(2), 161-188.

강진희(2011). 남녀 대학생의 교제유형, 정서경험특성, 갈등해결 전략 및 이성관계 만족도 간의 관계. 명지대학교 대학원 석사학위논문.

강호선(2014). 1366 상담원이 실천 과정에서 경험하는 전문가 사고에 관한 연구. **한국가족복지학, 19**(1), 103-130.

경인일보(2014. 04. 24.). "아동방임, 엄격한 미국… 느슨한 한국".

고명수, 이승현, 서진숙, 신선희, 허은진(2018). **인간행동과 사회환경**. 경기: 정민사.

고준기(2012). 노인학대의 방지와 홀로 사는 노인 지원 및 부양자의 효행 장려 지원에 관한 법률 제정에 관한 연구. **원광법학, 28**(4), 7-29.

고효정, 이은주(2007). 대학생의 성별에 따른 성역할 정체감과 성태도의 차이. **여성건강간호학회지, 13**(3), 192-200.

곽명순(1998). 청소년의 자아존중감, 우울 정도 및 불안정도 조사연구. **공주문화 대학논집, 25**, 389-405.

곽영호(2012). 대안학교의 유형별 실태 분석과 발전 방안. 경성대학교 교육대학원 석사학위논문.

권미경, 지영숙(2005). **동거(同居)에 대한 고찰**. 서울: 생활과학.

권석만(2007). **우울증: 침체와 절망의 늪**. 서울: 학지사.

권석만(2013). **현대 이상심리학**. 서울: 학지사.

권석만(2017), **성격심리학**. 서울: 학지사.

권유나, 김득성(2008). 부부간 역기능적 의사소통 행동 척도 개발: Gottman의 네 기수 개념을 중심으로. Family and Environment Research, 46(6), 101-113.

권중돈, 김동배(2007). 인간행동과 사회환경. 서울: 학지사.

권지은(2011). 아동기 가족의 가족여가활동 실태와 가족여가 만족도 및 장애들에 관한 연구. 울산대학교 석사학위논문.

김경호(2014). SNS 환경에서 미아 방지를 위한 얼굴 검색과 인증 시스템. 조선대학교 대학원 박사학위논문.

김나연(2013). 부모의 학대와 방임이 청소년의 문제행동에 미치는 영향: 사회적 지지를 조절변수로 하여. 경기대학교 석사학위논문.

김동기, 김은미(2010). 사회 적응의 노인 심리학. 서울: 학지사.

김명운(2012). 전통과 현대의 효교육 비교-가정교육을 중심으로. 청소년과 효문화, 20, 131-185.

김미애(2006). 우울이 청소년의 자살생각에 미치는 영향: 사회적 지지의 중재효과를 중심으로. 연세대학교 대학원 석사학위논문.

김민경(2011). 대학생의 가족학대경험, 가족스트레스와 행복의 관계: 사회적 지지와 가족탄력성의 매개효과를 중심으로. 한국가정관리학회지, 29(6), 41-54.

김빛여울, 조경숙, 강진령(2018). 한국 부모-자녀관계에서 성인초기 자녀들이 지각하는 자녀역할 부담의 요인 탐색 연구. 학습자중심교과교육연구, 18(11), 249-267.

김선태(2016). 노인학대 재신고 제공 서비스에 대한 전문가적 개입 연구: 2014년 노인학대 사례를 중심으로. 중앙대학교 행정대학원 석사학위논문.

김성현, 정재은(2019). 부모의 양육태도, 훈육방식이 부모가 인식한 유아기 자녀의 문제행동에 미치는 영향. 열린교육연구, 27(4), 207-228.

김성희(2008). 청소년의 형제자매 신체폭력 가해에 관한 연구. 한국가족자원 경영학회지, 12(4), 47-62.

김소영(2010). 가정폭력경험이 대학생의 데이트 폭력에 미치는 영향. 호남대학교대학원 석사학위논문.

김수안, 민경환(2001). 탄력성 척도의 비교 및 탄력성과 정서적 특성의 관계탐색, 한국 심리학회지, 25(2), 223-224.

김엘림, 윤덕경, 박현미(1999). 성폭력 · 가정폭력 관련법의 시행실태와 과제. 한국여성정책연구원 연구보고서, 43, 1-272.

김연옥, 박인아(2000). 가정폭력의 유형별 관련성과 아동의 정신건강에 관한 연구. 한국가족복지학, 103-127.

김예진(2017). 유아기 자녀를 둔 부부의 의사소통 패턴이 아내의 양육스트레스에 미치는 영향: 남편의 양육참여도의 매개적 역할. 덕성여자대학교 문화산업대학원 석사학위논문.

김용미, 서선희, 옥경희, 정혜정(2009). **결혼과 가족의 의미.** 서울: 양서원.

김은경(2006). 소송과정에서의 폭력피해자 보호현황과 쟁점들. 가정폭력피해지원 시스템의 문제와 과제. 가정폭력추방 연속토론회 3차 자료집, 31-63. 한국여성의전화연합.

김은영(2013). 사회적 지지와 부부 의사소통이 발달 장애아동 어머니의 양육스트레스에 미치는 영향. 꽃동네대학교 사회복지대학원 석사학위논문.

김은영, 윤민우, 박선영(2013). 가정폭력 피해여성의 신체적, 감정적, 성적 폭력피해에 영향을미치는 위험요인에 대한 분석연구. **한국경찰연구 12**, 49-78.

김은정, 하은혜, 배성윤, 오경자(1997). 기혼 여성의 우울증 상과 심리사회적 기능. **한국심리학회 학술대회 자료집, 6**(1), 101-114.

김재엽(2007). **한국의 가정폭력.** 서울: 학지사.

김재철, 최지영(2001). 부모학대가 공격성에 미치는 영향: 자존감, 학교폭력 피해경험의 매개효과. **아동교육, 20**(1), 19-32.

김정란, 김경신(2003), 아내학대에 대한 생태체계적 접근. **한국가정관리학회지, 21**(2), 88.

김정원, 이기숙(1999). 부모교육 프로그램의 개발 및 실시에 관한 연구. **아동학회지, 20**(3), 183-197.

김주현(2008). 가정폭력피해여성이 폭력에서 벗어나는 과정에 관한 연구. **한국가족관계학회지, 13**(1), 271-297.

김주환(2001). **회복탄력성.** 서울: 위즈덤하우스.

김종한(2012). 사회적 지원, 부부갈등, 자기 효능감, 양육스트레스와 영아기 어머니의 양육행동 간 경로분석. **한국산학기술학회논문지, 13**(9), 3924-3933.

김진화(2005). **평생교육 프로그램 개발론.** 서울: 교육과학사.

김춘경(2011). 중년기 우울 여성의 심리학적 경험 양상에 관한 현상학적 연구. **특수교육재활과학연구, 50**(3), 25-51.

김춘경, 이수연, 이윤주, 정종진, 최웅용(2016). **상담학 사전.** 서울: 학지사.

김향숙(2001). 대학생의 애착 · 사랑유형에 따른 성 행동. 동국대학교 대학원 박사학위논문.

김현경(2009). 다문화가정 유아의 유아교육기관 적응관련 변인 분석. 덕성여자대학교 대학원 박사학위논문.

김현미, 도현심(2004). 어머니의 양육스트레스 양육효능감 및 양육행동과 아동의 사회적 능력 간의 관계. **아동학회지, 25**(6), 279-298.

김현진(2014). 유아의 교육기관적응과 자아탄력성 및 자아존중감 간의 관계 분석. 중앙대학교 대학원 석사학위논문.

김혜영(2014). 유동하는 한국가족: 1인가구를 중심으로. **한국사회, 15**(2), 255-292.

김혜영, 선보영(2011). 여성의 만혼화와 결혼의향: 결정요인을 중심으로. **한국사회, 12**(2), 3-35.

김희경(2010). 알코올중독자 성인자녀인 대학생의 극복력. 인천대학교 석사학위논문.

나정숙, 이배, 김경숙(2016). 어머니 효능감 및 어머니. 자녀 간 의사소통이 유아의 교육기관 적응에 미치는 영향. **한국영유아보육학, 96**, 237-258.

류정현(2007). 한국적 부모-자녀 관계, 가족주의, 효. **부모교육연구, 4**(2), 81-94.

문혁준, 손서희, 김상림, 양성은, 임양미, 전영주(2015). **건강가정론**. 서울: 창지사.

문혁준, 양성은, 김상림, 손서희, 윤수정, 천희영(2014). **결혼과 가족**. 서울: 창지사.

문혁준, 양성은, 김상림, 손서희, 윤수정, 천희영(2020). **결혼과 가족**. 서울: 창지사.

박경(2003). 부정적인 생활 스트레스와 대인관계 문제가 여성의 우울에 미치는 영향. **한국심리학회지, 8**(3), 581-593.

박경선, 문혁준(2014). 어머니의 양육태도와 유아의(2014). 기관적응의 관계에서 유아의 자기조절능력의 매개효과. **유아교육학논집, 18**(3), 135-157.

박광배(2000). **다차원척도법**. 서울: 교육과학사.

박귀영, 안우상, 오현숙, 정왕용, 허영숙, 황동섭(2010). **노인복지론**. 경기: 양서원.

박병선, 진혜민, 허만세(2011), 남성알코올중독자의 우울과 삶의 만족도의 관계 가족기능과 가족지지의 역할을 중심으로. **정신보건과 사회사업, 38**, 172-204.

박애리(2014). 지각된 방임이 아동의 우울에 미치는 영향: 자아존중감과 사회적 위축을 매개로. **청소년복지연구, 16**(4), 39-401.

박영란(2006). 여성인권의 시각에서 본 가정폭력 추방 정책의 현황 및 과제. 가정폭력추방 연속토론회 2차 자료집, 한국여성의전화연합.

박영신, 김의철(2004). **한국인의 부모자녀관계: 자기개념과 가족역할 인식의 토착심리 탐구**. 경기: 교육과학사.

박은경(2001). "동거는 빨리 혼인 신고는 천천히". 주간동아, 2001. 03. 06.

박은실(2019), 청소년이 경험한 방임과 학대가 주의집중에 미치는 영향: 휴대전화 의존도의 매개효과. 서울한영대학 내학원 박사학위논문.

박은주(2002). 여성의 경험을 통해 본 동거 양상과 대안적 가족 개념의 모색. 한양대학교 석사학위논문.

박주현, 정미현(2019). **가족과 젠더.** 서울: 창지사.

박해웅(2007). 건설 일용근로자의 가족역할 갈등이 직무몰입에 미치는 영향 연구. 연세대학교 박사학위논문.

배진희, 정미순(2008). 노인이 인식한 가해자 특성이 노인학대에 미치는 영향. **학국노년학회, 28**(3), 443-457.

베이비뉴스(2014. 05. 13.). "미혼남녀 66.2% '연인과 혼전동거 찬성'".

범죄백서(2018). 통권 제34호, 법무연수원.

보건복지부(1998). 보건복지규제개혁 백서.

보건복지부(1999). 보건복지백서.

보건복지부(2001). 아동학대 실태조사, 숙명여자대학교 산학협력단.

보건복지부(2013). 2013 전국아동학대 현황보고서, 중앙아동보호전문기관.

보건복지부(2014). 2014 전국 아동학대 현황보고서, 아동보호전문기관.

보건복지부(2017). 2017 전국 아동학대 현황보고서, 중앙아동보호전문기관.

성금단(2011). 건강가정복지서비스의 통합적 성과평가에 관한 연구: - 건강가정지원센터의 형태를 중심으로. 상명대학교 박사학위논문.

세계일보(2017. 09. 14.). "'독박육아' 부담에 사회와 단절···참극 부르는 주부 우울증".

손애리, 천정수(2005). 전국 대학생의 성의식, 첫 성경험 및 성행동에 대한 성차. **보건과 사회과학, 18**, 62-80.

송혜림(2005). 생활과학에서 '건강'이라는 코드(Code)의 재해석과 전망, 대한가정학회 추계학술대회. **생활과학의 새로운 패러다임: 건강**, 19-40.

신승일(2015). 성 역할 정체감과 운동참여종목이 20대 여성의 신체적 자기개념에 미치는 영향. 서울대학교 석사학위논문.

신우열, 최민아, 김주환(2009). 회복탄력성의 세 가지 요인이 청소년의 온라인게임 중독 성향에 미치는 영향. **사이버커뮤니케이션 학보, 26**(3), 43-81.

신준옥(2013), 장애인 활동지원 서비스가 가족 부양부담에 미치는 영향. 성결대학교 대학원 박사학위논문.

심수명(2005). 한국 기혼여성의 우울증 역학 분석 및 치료 전략 연구. **한국기독교상담학회지, 10**, 53-87.

안창현, 김진이(2008). 부부의 자아존중감 의사소통 및 가족 응집성 적응성과 갈등대처방식 간의 관계. **한국가족치료학회지, 16**(2), 95-114.

양미선, 조복희(2001). 영아기 자녀를 둔 어머니의 산후우울과 양육스트레스의 관계. **생활과학논집, 5**(1), 48-87.

여성가족부(2018). 3차 다문화가족정책 기본계획(2018~2022).

여성가족부(2020). 가족다양성에 대한 국민인식조사.

여성가족부 가족정책과(2020). 2021년 가족지원사업안내(Ⅰ Ⅱ).

연은모, 윤해옥, 최효식(2015). 부부갈등, 양육스트레스, 우울 간의 종단적 관계-자기회귀교차지연 모형의 적용. **한국영유아보육학, 93**, 1-29.

오창순, 신선인, 장수미, 김수정(2018). **인간행동과 사회환경**(개정3판). 서울: 학지사.

옥선화, 정민자, 고선주(2006). **결혼과 가족**. 서울: 하우.

우근희(2011). 대학생의 성지식, 성태도 및 성행동에 관한연구. 공주대학교 대학원 석사학위논문.

유가효(2007). 해방이후 혼전교제와 배우자선택과정의 변화. **한국학논집, 34**, 319-346.

유계숙(2005). 성의 의미와 성관계의 동기에 대한 대학생의 인식. **대한가정학회지, 43**(4), 125-139.

유영주(2004). 가족강화를 위한 한국형 가족건강성 척도 개발 연구. **한국가족관계학회지, 9**(2), 119-151.

유영주, 김순옥, 김경신(2008). **가족관계학**(2판). 서울: 교문사.

유영주, 김순옥, 김경신(2010). **가족관계학**(개정판). 서울: 교문사.

유영주, 이인수, 김순기, 최희진(2013). 한국형 가족건강성척도 Ⅱ(KFSS-Ⅱ) 개발 연구. **가정과삶의질연구, 31**(4), 113-129.

유영주, 이인수, 김순기, 홍성례, 최희진(2009). **건강가족의 이해**. 서울: 교문사.

윤경자(2008). 건강가족을 위한 한국가족정책 패러다임의 전환: 건강가정기본법과 건강가정지원센터를 중심으로. **가정과삶의질연구, 26**(4), 85-101.

윤경자, 김정옥, 현은민, 전영자, 유계숙, 김은경(2009). **건강가정론**. 경기: 공동체.

윤덕경, 이미정, 천재영, 차인순, 윤정아(2015). 여성폭력 피해자 보호 · 지원의 통합적 운영을 위한 법제 정비방안 연구. *ISSUE PAPER, 2015*(1), 1-13.

윤정숙, 송원역(2017). 노인학대행위자 상담 · 교육 커리큘럼 개발. 중앙노인보호전문기관 연구용역보고서.

윤혜진(2008). 아동학대에 대한 보육교사의 역할에 관한 연구: 수도권 지역 보육교사들의 인식을 중심으로. 경희대학교 행정대학원 석사학위논문.

이경숙, 박진아, 이미리, 신유림(2013). 한국판 부모자녀관계 척도(Korean-Parenting Relationship Questionnaire-Preschool; K-PRQ-P) 신뢰도 및 타당도 연구. **한국심리학회지: 여성, 18**(3), 441 - 458.

이경희(1998). 부인이 지각한 갈등과 친감에 따른 부부관계 유형. 서울대학교 일반대학원 박사학위논문.

이규은(2016). **삶 깨달음 그리고 행복**. 경기: 공동체.

이동원 외(2000). **대중매체와 가족**. 서울: 양서원.

이명훈(2016). 공업계 고등학생들의 회복탄력성, 전공만족도, 취업준비도간의 구조적 관계. **대한공업교육학회지, 41**(1), 44-45.

이성희, 한은주, 왕석순, 임선영(2019). **가족복지론**. 서울: 창지사.

이소희 외(2005). **아동발달척도 핸드북**. 서울: 대왕사.

이옥희(2011). 남편의 심리적 폭력이 아내의 우울 및 심리적 안녕감에 미치는 영향: 인지요인을 매개변인으로. 대구대학교 일반대학원 박사학위논문.

이윤주, 김진숙(2012). 영유아기 자녀를 둔 기혼여성의 양육 스트레스와 우울의 관계: 자아존중감 안정성의 조절 효과와 매개효과. **상담학연구, 13**(5), 2229-2249.

이인숙(2002). 기혼여성의 우울과 배우자 지지. **여성건강간호 학회지, 8**(4), 482-493.

이제영, 이경숙, 정유경, 신의진(2011). 산후 우울 성향 어머니와 6~8개월 영아의 상호작용분석. **아동학회지, 32**(3), 203-220.

이현림, 김영숙(2016). **인간발달과 교육**. 경기: 교육과학사.

이현지, 박석돈(2003). 가출 여성 청소년들의 삶과 사회적 환경에 관한 연구. **청소년학연구, 10**(3), 1-20.

임택호, 강정원(2013). **조직과 인간관계론**. 서울: 북넷.

장경섭(2011). "개발국가, 복지국가, 위험가족: 한국의 개발자유주의와 사회재상생위기". 2011 한국사회정책 기획주제(1)-제1분과 제1세션(1) 1-22.

장덕희(2001). 가정폭력 경험자녀의 적응을 위한 사회복지실천 개입방안에 관한 연구. 대구대학교대학원 박사학위논문.

장성숙, 노기현(2016). **한국인의 심리상담 이야기**. 서울: 학지사.

장현섭(1993). 한국 사회는 핵가족화하고 있는가. 한국사회학회 사회학대회 논문집.

장혜경, 김영란, 김소영, 이아름, 안경희, 류연규, 이한나(2014). 2014년 가족의 미래와 여성 · 가족정책전망(Ⅳ). 한국여성정책연구원.

장혜경, 김은지, 김영란, 김소영, 선보영, 최진희(2012). 가족의 미래와 여성 · 가족정책전망(II). 한국여성정책연구원.

장휘숙(2006). **청년심리학**. 서울: 학지사.

장희순(2013). 아동의 신체적 학대경험과 반응적 공격성과의 관계에서 의도적 통제와 사회 정보처리의 매개효과. 이화여자대학교 대학원 박사학위논문.

전병재 외(1994). **위기에 선 가족**. 서울: 다산출판사.

전수미(2014). 회복패러다임에 근거한 알코올 의존 회복척도 개발. 가톨릭대학교 대학원 박사학위논문.

정근식, 주윤정, 심창학, 김동광, 조영태, 김혜영, 설동훈, 이혜경, 전명수, 박형민(2013). **화합사회를 위한 복지**(한국사회학회 엮음). 경기: 나남.

정문자, 정혜정, 이선혜, 전영주(2017). **가족치료의 이해**. 서울: 학지사.

정옥분(2014). **발달심리학: 전 생애 인간발달**. 서울: 학지사.

정옥분, 정순화(2016). **예비부모교육**(2판). 서울: 학지사.

정옥분, 정순화(2019). **부모교육**(3판). 서울: 학지사.

정옥분, 정순화(2020). **결혼과 가족**. 서울: 학지사.

정옥분, 정순화, 홍계옥(2006). **결혼과 가족의 이해**. 서울: 시그마프레스.

정유림, 정성화, 한삼성(2018). 기혼 여성의 남편지지와 우울과의 관련성: 결혼행복감을 매개로. **한국콘텐츠학회논문지, 18**(12), 263-271.

정지영, 송정애, 임혜경, 조성은, 황희숙(2012). **건강가정론**. 경기: 양서원.

정현숙, 유계숙(2001). **가족관계**. 서울: 학지사.

조미숙, 이윤로(1999), "아내구타가정과 아동의 적응: 연구 논점과 과제", **한국가족복지학, 3**, 165-186.

조복희, 정옥분, 유가효(2016). **인간발달**. 서울: 교문사.

조아미(2000). 청소년의 성에 대한 태도유형과 교육적 시사점. **청소년전문정책연구**, 1-60.

조아미, 오부운(2002). 부모교육 프로그램이 참가자의 자녀양육 태도 및 자녀의 심리에 미치는 영향. **여성가족생활연구, 6**, 135-160.

조은영, 조은희, 김소선(2010). 가족 상호관계가 치매노인 가족원의 부담감에 미치는 영향. **한국노년학, 30**(2), 421-437.

조형숙, 김지혜, 김태인(2008). 영유아기 자녀를 둔 아버지가 추구하는 아버지상에 대한 연구.

유아교육학논집, 12(1), 239-264.

조흥식, 김인숙, 김혜란, 김혜련, 신은주(2010). **가족복지학**(제4판). 서울: 학지사.

조희금, 김경신, 정민자, 송혜림, 이승미, 성미애, 이현아(2005). **건강가정론.** 서울: 신정.

최규련(1993). 맞벌이부부의 결혼만족도와 우울증에 관한 연구-학동기자녀를 둔 맞벌이부부를 중심으로. **대한가정학회지, 31**(1), 61-84.

최규련(1995). 가족체계의 기능성, 부부간 갈등 및 대처방안과 부부의 심리적 적응과의 관계. **대한가정학회지, 33**(6), 99-113.

최규련(2011). **가족관계론.** 경기: 공동체.

최상진(2000). 한국 문화심리학의 이론과 실제. **한국심리학회지: 문화 및 사회문제, 6**(3), 25-40.

최상진, 류승화(1995). 우리나라 부모의 자녀에 대한 영향력 원천 탐색. 중앙대학교 사회과학연구소: **사회과학연구, 8**, 85-111.

최성희(2001). 기혼여성의 성역할 정체감과 우울과의 관계. 가톨릭대학교 일반대학원 석사학위논문.

최희진, 유영주(2003). 한국형 가족기능도 척도 개발 연구. **가정과삶의질연구, 21**(3), 15-28.

통계청(각년도). 사회조사.

통계청(2013). 한국의 사회 동향.

통계청(2015). 가족실태조사보고서.

통계청(2019). 2018 인구주택 총 조사 집계자료.

통계청(2020). 2019 혼인 이혼 통계.

한경순, 함미영(2000). 일개 대학 대학생들의 성지식, 태도 및 경험에 관한 조사 연구. **한국간호교육학회, 6**(1), 115-131.

한국보건사회연구원(2019). 전국 출산력 및 가족보건 · 복지 실태조사.

한국여성정책연구원(2014). 2014년 가족의 미래와 여성 · 가족정책전망(IV).

한미영(2003). 단주자조모임에 참여하는 알코올중독자의 지각된 가족지지와 희망과의 관계연구. 이화여자대학교 석사학위논문.

허세희(2016). 청소년 방임과 또래애착간의 관계에 대한 자아탄력성의 매개효과: 비저소득 가구와 저소득 가구 비교 분석. 서울시립대학교 석사학위논문.

허혜경, 박인숙(2010). **사회변동과 성역할.** 서울: 문음사.

현성용, 김교헌, 김미리혜, 김아영, 김현택, 박동건, 성한기, 유태용, 윤병수, 이봉건, 이순묵, 이영호, 이재호, 이주일, 진영선, 채규만, 한광희, 황상민(2015). **현대 심리학의 이해.** 서울: 학지사.

홍길회, 이혜란, 왕영희, 정미자(2016). **사회 · 가족 변화에 따른 부모교육**. 서울: 창지사.

홍정애, 추진아, 김혜진, 박수연, 양화미, 유지현, 권오영(2016). 지역사회 취약계층 아동의 신체 활동 관련요인. **한국간호과학회 학술대회, 2016**(10), 228.

홍창희(1997). 가정폭력과 여성의 정신건강. **젠더와 사회, 8**, 41-58.

황성철(2005). **사회복지프로그램 개발과 평가**. 경기: 공동체.

건강가정지원센터 홈페이지 http://www.familynet.or.kr

Achenbach, T. M. (1991). *Manual for the child behavior checklist.* Burlington, VT: University of Vermont.

Afifi, T.O., Boman, J., Fleisher, W. & Sareen, J. (2009) The relationship between child abuse, parental divorce, and lifetime mental disorders and suicidality in a nationally representative adult sample. *Child Abuse & Neglect, 33*, 139-147.

Agresti, A., & Finlay, B. (1997). Statistical Methods for the Social Sciences. Upper Saddle River, N.J.: Prentice Hall.

Ahn, G. Y. R. (2006). Research Review about Psycho-social Risk Markers related to Dating Violence. *The Korean Journal of Health Psychology, 11*(4), 709-726.

Akers, R, L. (1998). *Social Learning and Social Structure: A General Theory of Crime and Deviance.* Boston: Northeastern University Press.

Allen, J., Aber, J., & Leadbeater, B. (1990). Adolescent problem behaviors: The influence of attachment and autonomy. *Psychiatric clinics of Moth America, 13,* 455-467.

Allison, M. & Sabatelli, R. M. (1988). Differentiation and individuation as mediators of identity and intimacy in adolescence. *Journal of Adolescent Research, 3,* 1-6.

Anderson, C. A., & Hammen, C. L. (1993). Psychosocial outcomes of children of unipolar depressed, bipolar, medically ill, and normal women: a longitudinal study. *Journal of Consulting and Clinical Psychology, 61*(3), 448-454.

Anderson, S. A. & Sabatelli, R. M. (1992). The differentiation in the family system scales: DIFS. *American Journal of Family Therapy, 20*, 89-101.

Bachrach C., Hindin M. J., & Thomson E. (2000)."The Changing Shape of Ties That Bind: An Overview and Synthesis" In L. Waite, C. Bachrach, M. J. Hindin, E. Thomson, and

A. Thornton(eds.), *Ties That Bind: Perspectives on Marriage and Cohabitation*(pp. 3-18). Hawthorne, NY: Aldine.

Baek, W. H. (2010). The Experiences of Dating Violence and Perceptions of Dating Relationships in High School Students. *Korean Journal of Youth Studies, 17*(1), 1-32.

Barnett, O. W. (2000). Why battered women do not leave, part I: External inhibiting factors within society. *Trauma, Violence, and Abuse, 1,* 343-372.

Barnett, P. A., & Gotlib, I. H. (1990). Cognitive vulnerability to depressive symptoms among men and women. *Cognitive Therapy and Research, 14*(1), 47-61.

Bartle-Haring, S. & Sabatelli, R. A. (1998). An intergenerational examination of pattern of individual and family adjustment. *Journal of Marriage and the Family, 60*, 903-911.

Beach, S. R., Sandeen, E., & O'Leary, K. D. (1990). *Depression in marriage: A model for etiology and treatment.* New York: Guilford Press.

Beavers, W. R. (1977). *Psychotherapy and growth: A family systems perspective.* New York: Brunner/Mazel.

Beck, A. T. (1967). *Depression: Clinical, experimental, and theoretical aspects.* Philadelphia: University of Pennsylvania Press.

Beck, A. T. (1976). *Cognitive therapy and the emotional disorders.* New York: International Universities Press.

Beck, A. T. (1983). *Cognitive therapy of depression: New perspectives. Treatment of depression: Old controversies and new approaches*. New York: Raven press.

Beck, A. T. (1987). Cognitive models of depression. *Journal of Cognitive Psychotherapy: An International Quarterly, 1,* 5-37.

Beck, A. T., Rush, A. J., & Shaw, B. F., & Emery, G. (1979). *Cognitive therapy of depression.* New York: Guilford.

Blehar, M. C., & Oren, D. A. (1997). Gender differences in depression. *Medscape Women's Health, 2*(2), 3-3.

Bowen, M. (1978). *Family therapy in clinical practice*. New York: Aronson, Inc.

Brodsky, B. S., Oquendo, M., Ellis, S. P., Haas, G. L., Malone, K. M., & Mann, J, J. (2001). The relationship of childhood abuse to impulsivity and suicidal behavior in adults with major depression. *The American Journal of Psychiatry, 158*(11), 1871-1877.

Bromfield, L. M., & Higgins, D. J. (2005). Chronic and isolated maltreatment in a child protection sample. *Family Matters, 70*, 38-45.

Broucke, S. V., Vandereycken, W., & Vertommen, H. (1995). Marital intimacy: Conceptualization and assessment. *Clinical Psychology Review, 15*(3), 217-233.

Brown, G. W., & Harris, T. (1978). Social origins of depression: a reply. *Psychological Medicine, 8*(4), 577-588.

Bumpass, L. L. (1990). What's happening to the family? Interactions between demographic and institutional change. *Demography, 27,* 483-498

Bumpass, L. L., & Hsien-Hen Lu. (2000). Trends in Cohabitation and Implications for Children's Family Contexts in the United States. *Population Studies, 54,* 29-41.

Carter, B., & McGoldrick, M. (1989). *The Changing Family Life-Cycle A Framework to Family Therapy*(2nd ed.). Boston, MA Ally & Bacon.

Carter, B, & McGoldrick, M. (1996). **가족생활주기와 가족치료.** [The Changing Family Life-Cycle A Framework to Family Therapy(2nd ed.).] (정문자 역). 서울: 중앙적성 출판사(원저출판: 1989).

Casper, L. M., & Bianchi S. (2002). *Continuity and Change in the American Family*. Thousand Oaks, CA: Sage.

Cherlin, A, L., Burton, M. T., Hurt R., & Purvin, D. M. (2004). The Influence of Physical and Sexual Abuse on Marriage and Cohabitation. *American Sociological Review, 69*(6), 768-789.

Cho, C. B., & Lee, H. (2013). The effect of physical child abuse on date violence in youths: Focusing on the mediating effect of aggression. *Studies on Korean Youth, 24(*4), 31-54.

Choi, E. (2016). Marital satisfaction and maternal depressive symptoms among mothers transitioning to parenthood. *Journal of Family Psychology, 30*(4), 516-521.

Choi, N. G., & Mayer, J. (2000). Elder Abuse, Neglect, and Exploitation. *Journal of Gerontological Social Work, 3*(2), 5-25.

Choi, Y. K., & Song, W. Y. (2014). The Effects of College Women's Domestic Violence Experiences on Dating Violence Exposure: Mediated Effect of Explicit and Implicit Gender Stereotypes. *Korean Journal of Woman Psychology, 19*(4), 433-446.

Christensen, A., & Shenk, J. L. (1991). Communication, conflict, and psychological distance in non distressed, clinical, and divorcing couples. *Journal of Consulting and Clinical Psychology, 59*, 458-463.

Cicchetti, D., & Rogosch, F. A. (1997). The role of self-organization in the promotion of resilience in maltreated children. *Development and Psychopathology, 9*(4), 797-815.

Cleminshaw, H., & Guidubaldi, J. (1980). "Assessing Parent Satisfaction." pp. 1-23. Paper presented at the Annual Meeting of the National Council on Family Relations(Portland, OR) October: 22-25.

Coie, J. D., Watt, N. F., West, S. G., Hawkins, J. D., Asarnow, J. R., Markman, H. J., & Long, B. (1993). The science of prevention: A conceptual framework and some directions for a national research program. *American Psychologist, 48*(10), 1013-1022.

Costello, C. G. (1982). Social factors associated with depression: A retrospective community study. *Psychological Medicine, 12*, 329-340.

Cross-Barnet, C. & A. J. Cherlin (2008) "Cohabiting on the Edge: Living Together Apart" Paper presented at the annual meeting of the Population Association of America, New Orleans, LA. April 17-19.

Curran, D., & Curran, D. (1984). Traits of a healthy family. New York: Ballantine Books.

Dalton, C., & Schneider, E. M. (2001). *Baterd women and law*. New York: Foundation Press.

Darling, N., & Steinberg, L. (1993). Parenting style as context: An integrative model. *Psychological Bulletin, 113*(3), 151-162.

DeLiema, M., Yonashiro-Cho, J., Gassoumis, Z. D., Yon, Y., & Conrad, K. (2017). Using latent class analysis to identify profiles of elder abuse perpetrators. *The Journals of Gerontology, Series B, 73*(5), e49–e58.

Dienemann, J., Boyle, E., Baker, D., Resnick, W., Wiederhorn, N., & Campbell, J. (2000). Intimate partner abuse among women diagnosed with depression. *Issues in Mental Health Nursing, 21*, 499-513.

Dinkmeyer, D., & McKay., G. D. (1982). The Parent's Handbook: Systematic Training for Effective Parenting. American Guidance Service.

Engler, B. (2006). *Personality Theory: An Introduction*(7th ed.). Boston: Houghton Mifflin.

Eshleman. J. R., & Bukcroft, R. A. (2010). *The Family Boston.* MA: Allyn & Bacon.

Ethier, L., Lemelin, J. P., & Lacharite, C. (2004). A longitudinal study of the effects of chronic maltreatment on children's behavioral and emotional problems. *Child Abuse and Neglect, 28*(12), 1265-1278.

Exner-Cortens D, Eckenrode J., & Rothman E. (2013). Longitudinal associations between teen dating violence victimization and adverse health outcomes. *Pediatrics, 131*(1), 71-78.

Field, T., Healy, B. T., Goldstein, S., & Guthertz, M. (1990). Behavior-state matching and synchrony in mother-infant interactions of nondepressed versus depressed dyads. *Developmental Psychology, 26*(1), 7-14.

Finkel, E. J., Rusbult, C. E., Kumashiro, M., & Hannon, P. A. (2002). Dealing with betrayal in close relationships: Does commitment promote for giveness? *Journal of Personality and Social Psychology, 82*, 956-974.

Forrest, M. (1991). Family-of-Origin emotional health experiences as predictors of marital satisfaction. Unpublished doctoral dissertation, University of Arkansas, Dissertation Abstract International-A, 53(8), 2688, 1993.

Foshee, V. A., Bauman, K. E., Ennett, S. T., Suchindran, C., Benefield, T., & Linder, G. F. (2005). Assessing the effects of the dating violence prevention program "safe dates" using random coefficient regression modeling. *Prevention Science, 6*(24), 245-258.

Frederico, M., Jackson, A., & Black, C. (2008). Understanding the impact of abuse and neglect on children and young people referred to a therapeutic program. *Journal of Family Studies, 14*(2/3), 342-361.

Fromm, E. (1986). **사랑의 기술.** [Art of loving] (황문수 역). 서울: 문예출판사(원저출판: 1956).

Ganong. L. H, & Coleman, M. (2003). **재혼가족관계.** [Remarried family relationships] (김종숙 역). 서울: 한국문화사(원저출판: 1994).

Geles, R. J., & Cornel, C. P. (1983). *International perspectives on family violence. Lexington.* KY: Lexington Books.

Germain, C. B., & A. Gitterman. (1995). "Ecological Perspective." In R. Edwards. *Encyclopedia of Social Work*(pp. 816-824). Washington: NASW Press.

Giddens, A. (2000). *Runaway World: How Globalization is Reshaping Our Lives.* New York: Routledge.

Gilbert, R., Widom, S. C., Browne, K., Fergusson, D., Webb, E., & Janson, J. (2009). Burden and consequences of child maltreatment in high-income countries. *The Lancet,*

373(9657): 68-81.

Glenn, N. D. & Kramer, K. B. (1987). The marriages and divorces of the children of divorces. *Journal of Marriage and the Family, 49*, 822-826.

Gordon, T. (1980). "Parent effective training: A preventive program and its effects on families." In M. J. Fine (Ed.). *Handbook on parent education*(pp. 101-121). New York: Academic Press.

Gotlib, I. H., & Colby, C. A. (1987). *Treatment of depression: An interpersonal systems approach.* Oxford: Pergamon Press.

Gottman, J. M. (1994). *What Predicts Divorce?: The Relationship between Marital Processes and Marital Outcomes.* Hillsdale, N.J.: Lawrence Erlbaum Associates.

Grace, S. L., Evindar, A., & Stewart, D. E. (2003). The effect of postpartum depression on child cognitive development and behavior: a review and critical analysis of the literature. *Archives of Women's Mental Health, 6*(4), 263-274.

Hane, A. A., Cheah, C., Rubin, K. H., & Fox, N. A. (2008). The role of maternal behavior in the relation between shyness and social reticence in early childhood and social withdrawal in middle childhood. *Social Development, 17*(4), 795-811.

Harkness, S., & Super, C. M. (2002). Culture and parenting. *Handbook of Parenting, 2*(2), 253-280.

Harrington, R., Fudge, H., Putter, M., Pickles, A., & Hill, J. (1990). Adult outcomes of children and adolescent depression. *Archives of General Psychiatry, 47,* 465-473.

Havighust, R. J. (1972). *Development tasks and education*(3rd ed.). New York: David Makay.

Hendrick, C, & hendrick, S. (1986), A theory and method of love. *Journal of Personality and Social Psychology, 50*(2), 391-402.

Hoffman, L. W. (1960). Effects of the employment of mothers on parental power relations in the division of household tasks. *Marriage and Family Living, 22.* 27-35.

Jackson, S. L. (2014). All elder abuse perpetrators are not alike: The heterogeneity of elder abuse perpetrators and implications for intervention. *International Journal of Ofender Therapy and Comparative Criminology, 60*, 265-285.

Johnsen, J. A., Biegel, D. E., & Shafran, R. (2000). Concept mapping in mental health: Uses and adaptations. *Evaluation and Program Planning, 23*(1), 67-75.

Jung, H. Y., & Min, H. S. (2013). Development & Evaluation of Web-Based Dating Violence Prevention Program for Middle School Students. *The Journal of Korean Academic Society of Nursing Education, 19*(4), 627-639.

Jung, S, Y., Lim, C. Y,. & Lee, M. S. (2011). The Effects of Prejudice on Dating Violence and the Mediating Effects of Violence Acceptability and Relationship Conflict. *Social Science Research Review, 27*(4), 127-151.

Kamimura, A., Nancy, C., Jenifer, T., Jeanie, A., & Lenora, M. (2014). Prevalence of intimate partner violence and its impact on health: Female and male patients using a fre clinic. *Journal Care Por Undersery, 25*(2), 731-745.

Kane, M., & Trochim, W. M. (2007). *Concept mapping for planning and evaluation* (pp.1-200). Thousand Oaks, CA: Sage Publications.

Kann, L., Kinchen, S., Shanklin, S. L., Flint, K. H., Kawkins, J., Harris, W. A., et al. (2013). Youth risk behavior surveillance-United States. *Morbidity and Mortality Weekly Report Surveillance Summaries, 63*(4), 1-168.

Kelley, M. L., & Tseng, H. M. (1992). Cultural differences in child rearing: A comparison of immigrant Chinese and Caucasian American mothers. *Journal of Cross-Cultural Psychology, 23*(4), 444-455.

Kerr, M. E. & Bowen, M. (1988). *Family evaluation.* New York: Norton. Kieclt-Glaser.

Kim, D. K. (2009). The Study of relationship between family violence and dating violence, and mediation effect of the acceptability of violence. *Korean Journal of Youth Studies, 16*(6), 135-159.

Kim, E. K., & Om, A. S. (2010). The Mediate Effect of Patriarchal Attitudes between Family Violence Witness and Dating Sexual Violence among College Students. *Korean Journal of Woman Psychology, 15*(4), 759-777.

Klohnen, E. C. (1996). Conceptual Analysis and Measurement of the Construct of Ego Resiliency. *Journal of Personality and Social Psychology, 70*(5), 1067-1079.

Knowlton, J., Bryant, D. D., Collins, D. A., Noe, T. D., Strader, T. N., & Berbaum, M. (1998). Preventing and reducing alcohol and other drug use among high-risk youths by increasing family resilience. *Social work, 43*(4), 297-308.

Kuppens, S., Grietens, H., Onghena, P., & Michiels, D. (2009). Relations between parental psychological control and childhood relational aggression: Reciprocal in nature? *Journal of Clinical Child and Adolescent Psychology, 38*, 117–131.

Kuppens, S., Laurent, L., Heyvaert, M., & Onghena, P. (2013). Associations between parental psychological control and relational aggression in children and adolescents: A multilevel and sequential meta-analysis. *Developmental Psychology, 49*(9), 1697-1712.

Leaper, C., & Anderson, K. J. (1997). Gender development and heterosexual romantic relationships during adolescence. In W. Damon (Series Ed.) & S. Shulman & W. A. Collins(Issue Eds.), *Romantic relationships in adolescence: Developmental perspectives* (New Directions for Child Development, No. 78). San Francisco: Jossey Bass.

Lee, Yean-Ju (2006). Risk Factors in the Rapidly Rising Incidence of Divorce in Korea. *Asian Population Studies, 2*(2), 113-132.

Lesthaeghe, R. (1995). "The Second Demographic Transition in Western Countries: An Interpretation" In K. O. Mason & A.-M. Jensen(eds.), *Gender and Family Change in Industrialized Countries*(pp. 17-62). Oxford, UK: Clarendon.

Lesthaeghe, R. (2007). "Second Demographic Transition" In George Ritzer(ed.), The Blackwell Encyclopedia of Sociology. Hoboken, N. J.: Blackwell Publishing.

Lewis, R. A. (1973). A longitudinal test of a developmental framework for premarital dyadic formation. *Journal of Marriage and the marriage and family, 35*, 16-25.

Luthar, S. S., Cicchett, D., & Becker, B. (2000). The construct of resilience: A critical evaluation and guidelines for future work. *Child Development, 71*(3), 543-562.

Miller, B., & McFall, S. (1991). Stability and change in the informal task support network of frail older persons. *The Gerontologist, 31,* 735-745.

Mischel, W. (1970). A Sex-typing and socialization. In P. H. Mussen(Eds.), *Carnicael's mannul child Psychology,*(3rd ed.). New York: John, Wiley & Sons.

Mock, P. S. (2000). Cohabitation in the United States: An Appraisal of Research Themes, Findings and Implications. *Annual Review of Sociology, 26,* 1-20.

Moss, B. & Schwebel, A. (1993). Marriage and romantic relationship. *Family Relations, 42*, 31-37.

Murdock, G. P. (1949). *Social structure*. New York: Macmillian.

Mussen, P. (Ed.). (1970). *Carmichael's manual of child psychology*(3rd ed.). New York, NY:

Wiley.

Napier, A. (1988). *The fragile bond: In search on equal, intimate, and enduring marriage*. New York: Harper & Row.

Okagaki, L., & Sternberg, R. J. (1993). Parental beliefs and children's school performance. *Child Development, 64*(1), 36-56.

Oliver, J. M., & Baumgart, E. P. (1985). The Dysfunctional Attitude Scale: Psychometric properties and relation to depression in an unselected adult population. *Cognitive Therapy and Research, 9*(2), 161-167.

Olson, D. H., & DeFrain, J. (1994). *Marriage and the family: diversity and strengths.* Mountain View, CA.: Mayfield Publishing Co.

Olson, D. H., Russell, C. S., & Sprenkle, D. H. (1979). Circumplex model of marital and family system Ⅰ: cohesion and adaptability dimensions. *Family Process, 1,* 3-28.

Olson, D. H., Russell, C. S. & Sprenkle, D. H. (1983). Circumplex model of marital and family systems: VI Theoretical update. *Family Process, 22*, 69-83.

Olson, D. H., Russell, C. S., & Sprenkle, D. H. (1989). *Circumplex model: systemic assessment and treatment of families*. NY: Haworth Press.

Otto, H. A. (1962). What is a strong family?. *Marriage and family Living, 24*(1), 77-80.

Parker, G., & Brown, L. B. (1979). Repertoires of response to potential precipitants of depression. *Australian & New Zealand Journal of Psychiatry, 13*(4), 327-333.

Paulson, B. L., Truscott, D., & Stuart, J. (1999). Clients' perceptions of helpful experiences in counseling. *Journal of Counseling Psychology, 46*(3), 317.

Pleck, J. H., & Masciadrelli, B. P. (2004). Paternal involvement by US residential fathers: Levels, sources, and consequences. In M. E. Lamb (Ed.), *The Role of the Father in Child Development*(pp. 222–271). Hoboken, NJ: Wiley.

Powell, D. R. (1984). "Enhancing the effectiveness of parent education: An analysis of program assumptions." In L. Katz, *Current topics in early childhood education*(pp. 121-139). Norwwood, N. J.: Ablex.

Rabiner, D. J., O'Keeffe, J., & Brown, D. (2004). A Conceptual Framework of Financial Exploitation of Older Persons. *Journal of Elder Abuse & Neglect, 16*(2), 53-73.

Raley, R. K. (2000). Recent trends and differentials in marriage and cohabitation: The United

States. In L. J. Waite(Ed.), *The Ties that Bind: Perspectives on Marriage and Cohabitation*(pp. 19 - 39). New York: Aldine de Gruyter.

Raley, R. K. (2001). Increasing fertility in cohabiting unions: evidence for the second demographic transition in the united states?. *Demography, 38*, 59-66.

Ramsey-Klawsnik, H. (2000). Elder abuse perpetrators: A Typology. *Generations, 24*(2), 17-22.

Riger, S. (1999). Measuring subjectivities: "Concept mapping as a feminist research method: examining the community response to rape." *Psychology of Women Quarterly, 23*(1), 91-94.

Rohner, R. P., & Pettengill, S. M. (1985). Perceived parental acceptance-rejection and parental control among Korean adolescents. *Child Development, 56*(2), 524-528.

Sanders, M. (1999). Triple P-positive Parenting Program: Towards an Empirically Validated Multilevel Parenting and Family Support Strategy for Prevention of Behavior and Emotional Problems in Children. *Clinical Child Family Psychology Review 2*(2), 71-89.

Schaefer, E. S. (1965). A configurational analysis of children's reports of parent behavior. *Journal of Consulting psychology, 29*(6), 552-557.

Scharlach, A. E., & Boyd, S. L. (1989). Caregiving and employment: Results of an employee survey. *The Gerontologist, 29,* 382-387.

Seltzer, J. A. (2004). Cohabitation in the United States and Britain: Demography, Kinship, and the Future. *Journal of Marriage and Family, 66*(November), 921-928,

Spencer, M. B. (1999). Social and cultural influence on school adjustment: The application of an identity-focused cultural ecological perspective. *Educational Psychologist, 34,* 43-57.

Sternberg, R. J. (1986). A triangular theory of love. *Psychological review, 93*(2), 119.

Sternberg, R. J. (1988). Triangulating love. *The psychology of love*, 119-138.

Sternberg, R. J. (1997). Construct validation of a triangular love scale. *European Journal of Social Psychology, 27*(3), 313-335.

Stinner, W. F. (1979). Modernization and family extension in the Philippines: A social demographic analysis. *Journal of Marriage and the Family, 161-168.*

Stinnett, N., & Saur, K. H. (1977). Relationship characteristics of strong families. *Family Perspectives, 11.*

Straus, M, A., & Gelles, R, J. (1990). *Physical violence in American familes: Risk factors and adaptations to violence in 8,145 familes.* New Brunswick, NJ: Transaction.

Sutton, C. (2007). **사회복지와 심리학.** [Social work, community work and psychology] (정명숙 역). 서울: 시그마프레스(원저출판: 1994).

Tueth, M. J. (2000). Exposing financial exploitation of impaired elderly persons. *The American Journal of Geriatric Psychiatry, 8,* 104-11.

Walace, H. (2005). *Family violence: Legal, medical and social perspectives*(4th ed.) New York: Pearson Education Inc.

Walsh, F. (1998). S*trengthening Family Resilience.* New York: The Guildford Press. Walsh, F. (2002). A Family Resilience Framework: Innovative Practice Applications. *Family Relations, 51,* 130-137.

Weissman, A. N., & Beck, A. T. (1978). Development and validation of the dysfunctional attitude Scale: A preliminary investigation. Paper presented at the Annual meeting of the American Educational Research Association, Toronto.

Werner-Wilson, R. J., Zimmerman, T. S., & Whalen, D. (2000). Resilient response to battering. *Contemporary Family Therapy, 22*(2), 161-188.

Yoo, Y. (1994). The rule of family members for the strong family. Korean Association of Child Studies Conference Proceeding Book, Seoul, Korea.

찾아보기

저자 소개

▪ 윤명길

서울신학대학교 일반대학원 사회복지학박사
America Evangelical University a doctor of counseling 상담학박사
현, 나사렛대학교 사회복지학과 겸임교수
극동대학교 사회복지학과 겸임교수
동원대학교 사회복지학과 겸임교수
성산효대학원대학교 사회복지학과 겸임교수
열린 사이버대학교 사회복지학과 겸임교수
영남사이버대학교 사회복지학과 겸임교수
〈저서〉 빈곤이해의 기초, 결혼과 가족, 신용불량자가 사회복지학박사가 되다, 학대와 방임, 사회복지사 1급 기출문제집 등

▪ 정원희

건국대학교 일반대학원 사회복지학박사
현, 건국대학교 미래지식교육원 사회복지학과 외래교수
〈논문〉 저소득 아동정신건강증진 통합가족지원사업 효과성 연구
아동청소년 정신건강지원사업 효과성 연구
청소년 NLP 변화코칭을 활용한 심리멘토링 효과성 연구

▪ 한신애

온석대학원대학교 사회복지학박사
현, 온석대학원 사회복지학과장/조교수
세한대학교 사회복지상담학과 겸임교수
새소망복지센터 대표
〈저서〉 인간행동과 사회환경, 사회복지행정론, 가족정책론 등

건강가정론

1판 1쇄 인쇄 — 2021년 7월 19일
1판 1쇄 발행 — 2021년 7월 23일

저 자 - 윤명길 정원희 한신애
발 행 인 - 강철원
발 행 처 - 양성원
주 소 - 경기도 파주시 검산로 173번길 29-20
전 화 - 031-946-3861(代)
팩 스 - 031-946-3864
이 메 일 - tnwpub@naver.com
홈페이지 - tnwpub.co.kr
출판등록 - 2015년 8월 31일 제 2015-000211 호

ISBN 979-11-6126-385-4

정가 19,000원